生活因阅读而精彩

生活因阅读而精彩

# 秀外慧中
## 做女人

徐畅／编著

*Become a Beautiful and Intelligent Woman*

中国华侨出版社

图书在版编目(CIP)数据

秀外慧中做女人 / 徐畅编著. —北京：
中国华侨出版社,2013.4
ISBN 978-7-5113-3439-8

Ⅰ.①秀… Ⅱ.①徐… Ⅲ.①女性–修养–通俗读物
Ⅳ.①B825–49

中国版本图书馆 CIP 数据核字(2013)第 062077 号

**秀外慧中做女人**

编　　著 / 徐　畅
责任编辑 / 严晓慧
责任校对 / 孙　丽
经　　销 / 新华书店
开　　本 / 787×1092 毫米　1/16 开　印张/17　字数/250 千字
印　　刷 / 北京建泰印刷有限公司
版　　次 / 2013 年 5 月第 1 版　2013 年 5 月第 1 次印刷
书　　号 / ISBN 978-7-5113-3439-8
定　　价 / 29.80 元

中国华侨出版社　北京市朝阳区静安里 26 号通成达大厦 3 层　邮编 :100028
法律顾问 :陈鹰律师事务所
编辑部 :(010)64443056　　64443979
发行部 :(010)64443051　　传真 :(010)64439708
网址 :www.oveaschin.com
E–mail :oveaschin@sina.com

## 前言
### Preface

　　当今社会，女性有着越来越广阔的发展空间，因此不管是在生活还是工作中，女性的地位也在大大的提升，女性对自身的要求也日益提高。与男性相比，女性在职场中相对弱势一些，但是在她们身上却散发着一种与生俱来的独特魅力，有时候比男性更有优势。

　　女人可以不漂亮，可以没有钱，也可以没有权势，但是绝不能缺少智慧和气质，唯有智慧和气质才能弥补天生的不足与缺憾，而缺失了这些优势，将意味着人生的缺失。

　　那么，

　　什么样的女人最受欢迎？

　　什么样的女人最有魅力？

　　什么样的女人才能够赢取成功、收获幸福？

　　要做一个幸福的完美女人，不仅要有聪颖过人的智慧，还要有靓丽悦人的容貌。如果你有十分的魅力，但倘若没有智慧，将失去七分内涵。如果你不是天生丽质，你可以改变自己的气质，内修外炼，使自己成为一个优雅动人、高雅端庄的幸福女人，做一个秀外慧中的女人。智慧是美丽不可或缺的养分，智慧女人是一道别样的风景，秀外慧中做女人，你的生活会变得更加美妙，你的世界会焕发出奇异的光彩。那么，怎样才能做到秀外慧中？

　　要做一个秀外慧中的女人就要做到：在形象上要雍容典雅、落落大方、大气得体；在社交上要方圆有度、刚柔相济、从容优雅；在沟通上要动之以情、晓之以理、舌灿莲花。只有懂得礼数，才能够登上大雅之堂；只有懂得交际，才能够建立广泛人脉；只有懂得说话，才能深谙处世之道。

有教养的女人拥有魅力，不管是在形象、仪态、礼节，还是在外交方面都有礼有节、大方得体、魅力四射。秀外慧中的女人是一道亮丽的风景线，能够提升在公众心目中的形象，提升自身的个人魅力，更能够影响身边的人。这样的女人能够识大体、懂温柔、有礼节。

懂社交的女人拥有能力，这样的女人善于洞察人情世故，能够掌握一定的交际技巧，能够轻松快速的打动他人，获取他人的支持与帮助，从而构建属于自己的人脉圈，以致在成功路上获取更多的力量。女人可以单纯，但是不能不懂人情世故；女人可以聪明，但是不能够太过于精明。因此聪明女人就要懂得如何做社交中的精灵。

会说话的女人拥有魔力，这样的女人有一副美妙悦耳的好口才，能够舌吐莲花，博取众人的欢心。说话能力的大小象证着一个人沟通能力的强弱，会说话的女人能使沟通无阻，谈话轻松愉快；会说话的女人才能有好人缘，才能广积人脉，才能受到幸运女神的眷顾。

秀外慧中的女人懂得把时间凝结为温柔，把美丽磨练成自信，把经历谱写成乐章。尽管岁月给了她们满脸的皱纹，却夺不走她们眼中的睿智和善良；尽管岁月给了她们满头的白发，却挡不住她们把灵巧的双手伸给需要帮助的人。

秀外慧中的女人，静若幽兰，芳香四溢，让人如沐春风。秀外慧中的女人最动人美丽，也会幸福一生。

本书从礼数、交际、说话三个方面向读者阐述如何做一个秀外慧中的女人，如何在纷繁复杂的社会竞争中保持一颗阳光的心，坚持自我，创造美好的未来。做个秀外慧中的女人吧，你就可以从容淡定的面对一切，在举手投足间透着优雅的风范。

Contents

目录

# 第一篇　大气得体：有教养的女人拥有魅力

怎样做一个智慧女人？智慧女人首先要懂礼数，无论是在生活还是工作中，对自己的美容化妆、穿衣打扮、礼仪修养都要力求做到精致、魅力，从内而外散发着迷人的气息，一个眼神，一次呼吸，一颦一笑，举手投足间都绽放出美丽的光芒。一个优雅的女人，一定是一个懂礼数的女人，因为有礼有节的女人才最聪明、最可爱、最有魅力。

1

# 第二篇 从容优雅：懂社交的女人拥有能力

无论是在生活还是在工作中，智慧女人都懂得如何曼妙地去经营自己与朋友、亲人、爱人、同事以及上下属之间的关系。智慧女人懂得如何交际，如何打造属于自己的交际圈，才能够在人际交往中游刃有余，时常受到命运的垂青。

4

# 第三篇 舌灿莲花：会说话的女人拥有魔力

如今，说话技巧变得愈来愈重要。不管女人的容貌有多美丽，只要话说不好，都会让人心生厌倦；反而那些相貌平平的女人，凭着一张会说话的嘴，却能够赢得众人的欢心。如果女人拥有了好人缘，在职场和情场中都会无往不利，更需要知道如何把话说得好又巧。

▶ **第四章　秀慧女人说话有声有色**

▶ **第五章　秀慧女人说话有滋有味**

第一篇

# 大气得体：
## 有教养的女人拥有魅力

　　怎样做一个智慧女人？智慧女人首先要懂礼数，无论是在生活还是工作中，对自己的美容化妆、穿衣打扮、礼仪修养都要力求做到精致、魅力，从内而外散发着迷人的气息，一个眼神，一次呼吸，一颦一笑，举手投足间都绽放出美丽的光芒。一个优雅的女人，一定是一个懂礼数的女人，因为有礼有节的女人才最聪明、最可爱、最有魅力。

## 第一章
# 做个形象优雅的秀慧女人

着装体现着一种社会文化，体现着一个人的文化修养和审美情趣，是一个人身份、气质、内在素质的无形名片。仪表的修饰注注与人的着装相互联系，互相陪衬。在各种正式场合，职业女性得体的着装和仪容通常体现着自身的仪表美，同时也有助于增加社交的魅力，给人留下良好的印象。

2

## ◎ 着装礼仪的三大基本原则

"穿着成功不一定保证你成功，但不成功的穿着保证导致你失败！"不当的穿着，是职场活动中的致命伤。

所以，如何穿着打扮，是懂不懂礼节的一个重要体现。在职场交往中，我们应该尽可能地避开服饰的失礼，升华我们的外在修饰，使其与内在修养达成一种内外和谐的统一美。

当今社会，最大的服饰礼仪流行风，可数西方提出的"TPO 原则"。它要求人们的着装要考虑时间（Time）、地点（Place）、场合（Object）三个重要因素。

**1.** 时间（*Time*）要求服饰二原则：

**随四季的变化而换装**

服饰应当随着四季的变化而变换：夏季以凉爽、轻柔、简洁为着装格调；冬季应以保暖、轻便为着装原则，既要避免臃肿不堪，也要避免为形体美观而着装太单薄；春、秋两季的服装选择相对宽松一些。

**随时代的发展而换装**

应当做到随时代的发展而改变服饰，要顺应时代发展的主流和节奏，既不可超前，也不可过于滞后，超前易给人浮夸的感觉，而滞后又会使人认为跟不上时尚的步伐，跟不上时代的节奏。

**2.** 地点（*Place*）要求服饰三原则：

**休闲服饰要舒适**

人们在休闲时，如在娱乐、购物、观光等场合下着装应舒适得体，无拘无束才能达到真正的休闲，可穿着牛仔服、休闲服、运动服、休闲鞋、运动鞋等。

**工作服饰要正统**

在职场办公的环境中穿着应"正统"，适合穿制服、套装、套裙以及连衣裙，带给人职业与精神的面貌。同时也要符合规范，如男子穿西服一定要系领带，西服应烫熨平整，裤子应烫熨出裤线，衣领袖口应干净，皮鞋应锃亮。女子不宜赤脚穿凉鞋，穿丝袜时，袜口不能露在衣裙外等。

**社交服饰要大方**

人们在社交时应选择时尚、大方的服饰，尽量做到与当时当地当景相衬的着装，这样既能休闲得体，又能充分地融入到社交环境中。

### 3. 场合（*Object*）对于服饰的要求

人们应根据特定的场合搭配适应、协调的服饰，从而获得视觉和心理上的和谐美。例如会议、庆典仪式、正式宴会、职场或外事谈判、会见外宾等场合，选择的服饰应力求庄重和典雅，不要给人一种浮华的感觉；在欢度节日、纪念日、结婚典礼、生日纪念、联欢晚会、舞会等喜庆场合，服饰应色彩鲜艳、明快，款式新颖、时尚，给人一种喜庆的印象。

总之，不同的时间、地点、场合对服饰有不同的要求，只有与当时的时间、地点、场合气氛相契合、相融洽的服饰，才能产生和谐的审美效果，实现人景相容的最佳效应。

## ◎ 服装的选择与色彩的搭配

从视觉效果上讲，服装的色彩在人际知觉中是最领先、最敏感的。一件色彩和谐、美观、大方的服装，能使穿着的人魅力倍增。因此，职场女士了解一些色彩的基本特征、色彩搭配的基本原则、服装色彩与场合的关系等基本常识，是十分必要的。

### 1. 服饰色彩与表现效果

不同的色彩，有不同的象征意义，能引起人们不同的心理反应。如：

红色，是最能引起人们兴奋和快乐情感的颜色。它象征着活泼、热烈、兴奋、激情、喜庆。它使穿着者更显朝气、青春与活力。

黄色，是一种过渡色。它对人的感官刺激作用也十分强烈。它象征着炽热、光明、庄严、明丽、希望、高贵、权威等。

绿色，是一种清爽、宁静的色彩。它象征着生命活力与和平。它能使穿着者更显年轻、更加朝气蓬勃。

蓝色，是一种比较柔和、宁静的色彩。它象征着深远、沉静、安详、清爽、高傲。它使人立刻联想到广阔天空与海洋，带给人高远、深邃的感觉。

白色，是一种纯净、朴实的色彩。它象征着纯洁、畅快、明亮、朴素、高雅、雅致。它不仅适合于夏天穿着，而且也适合于各种肤色的人。

紫色，是一种富有想象力的颜色。它象征着华丽、高贵、优越。如果你能选用得适宜，并和自身的各种因素搭配好，就会显出高雅的气质。

黑色，是一种庄重、肃穆的色彩。它象征着沉着、深刻、庄重与高雅。

灰色，是一种中间色，象征着中立、和气、文雅，有随和、庄重之感。

### 2. 服饰颜色的搭配技巧

服装色彩的搭配可以分成：单色、二色配色、多色配色以及花色（格子、条纹）。

单色，指整套服装只有一种颜色。单色服装具有较高层次的审美效果，它给人高雅、素净、简朴的印象，如套装、连衣裙、礼仪服都可以选用单色。

二色配色，在色调上比单色具有明朗、活泼的感觉。如明度采用一深一浅、纯度采用一高一低或在面积上使用一大一小的搭配。

多色配色，在服装色彩搭配中具有较高的难度。在选择时最好以一色为主色，其他的为辅色，避免每种色彩分量均等。多色配色若能搭配得当，在整体上会显得富有层次感，否则缺乏秩序感，整套服装就会显得很杂乱无章。

花色（格子、条纹），是指在单纯的色彩上辅以花色、格子或条纹等，这样可以增加视觉效果的美感。如果是上下分离的套装，最好采用上花色下单色，或上单色下花色。

此外，黑、白、灰是配色中的几种"安全"色。因为它们比较容易与其他各种色彩搭配，而且效果也比较好。

### 3. 服饰色彩搭配要与个人条件相配合

色彩不仅能给人以不同的联想，有不同的象征意义，而且还给人以冷暖、轻重、扩缩等感觉。例如，年轻人常用上深下浅的服装颜色搭配，以便让人产生活泼、轻松、飘逸的动感；中老年人则在服装颜色搭配上较多采用上浅下深的方式，给人以稳定、坚实、沉着的静感。

### 4. 服饰色彩选配要与场合相协调

职场女士着装色彩要与场合相契合。比如喜庆的场合，可以选择颜色亮一些的服装，而隆重、肃穆的场合，就要选择庄重、暗淡色彩的服装。再比如拜访、接待时，着装的颜色要选用淡雅的颜色，或沉稳的黑色、深蓝色、深灰色等，给人一种成熟、干练、稳重、利落的印象。约会、赴宴等要根据时间安排的不同进行服饰颜色的选配。

当然，服饰的色彩搭配并不是金科玉律，一成不变的，职场女士在实际生活中只要通过反复地观察比较，就能找准适合自己的、能完整表现自己健康美、素质美的服饰主色调。

## ◎ 职场女士的着装礼仪

　　21 世纪的女性早已脱离了传统的束缚，在生活工作中毫不逊色于男性，已成为现代职场活动的半边天。得体的服饰是职场女士成功的重要保证，正如形象设计大师乔恩·莫利所说："穿着得体虽然不是保证女人成功的唯一因素，但是，穿着不当却导致一个女人事业的失败。"

　　职场女士着装要体现出道德魅力、审美魅力、知识魅力及行为规范魅力。具体的有下面三个要求：

　　要和所处的环境相协调。在不同的环境、不同的场合，应该有不同的着装，与上面说的总原则一致。

　　要和身份、角色一致。不论在工作中还是在社会生活中，每个人都扮演着不同的角色、身份，这样就有了不同的社会行为规范，所以，女士在着装打扮上自然也要符合规范。比如，销售人员就不可以穿着生产人员的职业装。

　　要和自身"条件"相协调。要了解自身的缺点和优点，用服饰来达到扬长避短的目的，以免在交往中遇到尴尬。

　　随着时代的发展，职场女士的工作装早已脱离了古板与单一，女士应在规范的约束下穿出自己的特色，穿出自己的品位来。这里我们主要介绍最具代表性的女性服装。

**1. 职业装**

　　在一些正式的职场场合，职场女士应该选择职业套装；而在一些职业环境中，可以选择造型稳重、线条明快、富有质感的服装。但所选的服装应以舒适、方便为主，以适应整日的工作强度。

在办公室里，服装的色彩不宜过于夺目，应以纯色为主，以免干扰工作环境，影响整体工作效率。服装款式的基本特点是端庄、简洁、持重和亲切。

### 2. 外出职业装

职场女士在外出时，服装的款式应注重整体的职业形象，注重舒适、简洁、得体，便于走动，不宜穿着过紧或宽松、不透气或面料粗糙的服饰。正式的场合仍然以西服套裙为主；较正式的场合也可选用简约、品质好的上装和裤装，并配以女式高跟鞋；较为宽松的场合，可以在服装和鞋的款式上稍作调整，切不可忘记职业特性是着装标准。

外出工作时，服装色彩不宜复杂，并注意与发型、妆容、手袋、鞋相统一，不宜咄咄逼人，干扰对方视线，甚至造成视觉压力。所用饰品则不宜夸张，手袋应选择款型稍大的公务手袋。

### 3. 晚礼服

晚礼服是参加庆典、正式会议、晚会、宴会等礼仪活动的最佳选择。而晚装服饰的特色、款式和变化较多，要根据不同的场合和需求的风格而定。闪亮的服饰是晚礼服永恒的风采，晚装应该尽量选择能够显示出风采优雅、雍容华贵的，但是在选择首饰时，亮点不应该超过两个，否则容易显得浮夸。

### 4. 公务礼服

公务礼服是用于较为正式、隆重的会议、迎宾接待的服饰，是服饰中品位和格调最具有代表性和典型性的。

在选择公务礼服时，应尽量选择以黑色和贵族灰色为主色的颜色，最好不要选择轻浮、流行的时尚色系。做工要精致得体，并应特别注意选配质地优良的鞋子。

## ◎ 女士饰物佩戴指引

饰物，亦称首饰、饰品。它指的是人们在穿着打扮时所使用的装饰物，它可在服饰中起到烘托主题和画龙点睛的作用。职场女士合理地佩戴饰物，能体现其脱俗的审美品位和文化修养。

饰物的选择要以服装为依据，要与服装整体风格保持一致，并且饰物应简单大方，这样更容易达到一种完整性、和谐性。饰物的佩戴应遵循以下原则：

点到为止，恰到好处。

装饰物的佩戴不要太多，如果浑身上下珠光宝气，挂满饰物，就没有了美感，会给他人一种庸俗的感觉。

扬长避短，显优藏拙。

装饰物是起点缀作用的，要通过佩戴装饰物突出自己的优点，掩盖缺点。例如脖子短而粗的人，不宜戴紧贴着脖子的项链；个子矮的人，不宜戴长围巾，否则会显得更加矮小。

突出个性，不盲目模仿。

佩戴饰品要突出自己的个性，不要盲目地追随别人，别人戴着好看的东西，不一定适合自己。比如，西方女性嘴大、鼻子高、眼窝深，戴一副大耳环显得性感；而东方女性适合戴小耳环，以突出东方女性含蓄、温文尔雅的特点。

下面介绍几种女士佩戴的饰物。

### 1. 项链

项链是受到女士青睐的主要饰物之一，它在改变脸形、颈部轮廓方面具有很好的效果。一般来说，短项链可以使脸部变宽、脖子变粗。对于大多数职场女士来说，长脸长脖子的人应佩戴颗粒大而短的项链，这样在视觉上能减少脖子的长度；脖子短的人要佩戴颗粒小而长的项链；方形脸短脖子的人应佩戴长项链，穿领口大一点、低一点的上衣，使项链充分显露出来；瓜子脸形的人可佩戴稍粗的、中等偏短的项链。

项链的佩戴还应和年龄及体型相协调。一般来说，上了年纪的人以选择质地上乘、工艺精细的金银项链为好；中年人以选择工艺性强、质地中档的项链为好；而青年人肤色滋润、朝气蓬勃，以选择质地颜色好、款式新颖的项链为佳。

另外，与项链配套的项链坠，其形状、大小各异。选择时，要优先考虑它是否与项链般配、协调。在正式场合中，女士不要选用夸张怪异的项链坠，更不要同时佩戴两个或两个以上的项链坠。

### 2. 戒指

戒指的种类繁多，从造型上讲，职业女士所戴戒指讲究小巧玲珑，注重艺术性。戴戒指时，一般只戴在左手，而且最好只戴一枚，最多可以戴两枚。戴两枚戒指时，既可戴在左手两个相连的手指上，也可戴在两只手对应的手指上。戴薄纱手套时戴戒指，应戴于其内。

### 3. 耳环

耳环也是职场女士的主要饰物之一。每一位职场女士都必须根据自己的肤色、脸形、发型、服装等来选配耳环。瘦脸形的人可戴大而圆的耳环，其可以对瘦而窄的脸庞进行弥补；圆脸形可戴方形、三角形、水滴形耳环、耳坠，这样使脸形显得修长、俊俏，看上去更为协调；方脸形可戴长椭圆形、弦月形、新叶形、单片花瓣形等耳环，这样使方形脸庞多一点曲线美；瓜子形脸的女性可戴圆形或重坠型耳环；三角脸形的人适合戴宝石扣状耳环等。

**4. 手镯手链**

通常情况下，手镯可以只戴一只，也可以同时戴两只。戴一只时，应戴在左手腕上；戴两只时，可以一只手戴一只，也可以两只都戴在左手腕。在一般情况下，手链应仅戴一条，并应戴在左手腕。

**5. 胸针**

胸针的选择要以质地、造型、做工精良为标准，胸针式样要注意与脸形协调。通常，长脸形宜配近乎圆形的胸针；圆脸形应配以长方形胸针；如果是方脸形，则适宜配用圆形胸针。胸针可别在胸前，也可别在领口、襟头等位置。佩戴领针，数量以一枚为限。而且不宜与胸针、纪念章、奖章、企业徽记等同时使用。

此外，在选择佩戴饰物时，要注意造型款式和色彩上的协调。在正式场合中选用与服装相称的饰品显得庄重而气度不凡。再者，饰物的选择佩戴还要因人而异，根据不同的体型选配不同的饰物，使饰物为自己的体型扬长避短。

## ◎ 职场女士的仪表要求

职场女士在工作岗位上日理万机、纵横捭阖，但不能忽视自己的仪容。神采焕发、精神奕奕才能体现自己的敬业精神，才能展现自己所属企业的形象。基于此，职场女士保持神采飞扬的容姿便尤为重要。

整洁是职场女士仪容礼仪的最基本要求。整洁不仅仅是勤洗澡、常刷牙、修剪指甲、经常梳理头发，还包括了个人仪容的修饰，如头发、鼻毛、腋毛、牙齿、指甲、体味等各个方面。

### 1. 对头发的要求

职场女士对于头发要遵循"三无"原则：无异味、无绺、无头屑。

头发要勤梳洗，发型要朴素大方。可选择齐耳的直发式或留稍长微曲的长发，头发不可遮住脸部，前面刘海不可过低。

### 2. 对牙齿的要求

职场女士讲究礼仪的先决条件是保持口腔清洁，而不洁的牙齿被认为是交际中的障碍。刷牙是保持口腔清洁的关键，日常刷牙和保洁要做到"三个三"原则，即三顿饭以后都要刷牙，每次刷牙的时间不少于3分钟，刷牙时间要在每次饭后的3分钟之内。如果在工作场所不方便刷牙，可以准备漱口水、木糖醇、口香糖等清新口气。

在饮食方面也要注意保护牙齿，如多吃蔬菜、水果、粳米饭利于清洁牙齿。尽量不吸烟，不喝浓茶，可以防止牙齿变黄变黑和有异味。如果口腔有异味，可通过嚼口香糖来减少这种异味，但要注意，在与

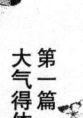

人交谈时嚼口香糖是不礼貌的。

### 3. 对鼻毛、腋毛的要求

鼻毛不能过长，过长的鼻毛有碍视觉美感，可以用小剪刀将其剪短，切忌当着他人的面用手拔。另外，要保持鼻腔的清洁，经常清理鼻腔，切忌在他人面前挖鼻孔、清鼻腔，这是一种非常不礼貌的表现。

腋毛在视觉中既不美观也不雅观。职场女士应该注意容易暴露腋毛的服装。夏季，女士在社交场合中如果需要穿无袖的服装，要注意腋毛的清理，以免有损整体形象。

在正式场合中，职场女士在穿裙装或薄型丝袜时，应先去除腿毛。

### 4. 对手部的要求

职场女士在社交活动中，彼此之间需要握手，一双清洁没有污垢的手，是交往时的最低要求。职场女士应养成及时清洁双手，经常修剪与整理指甲的习惯，指甲的长度不应超过手指指尖。需要注意的是，不要在公共场合修剪指甲，这是很不文明的行为。

### 5. 对体味、体声的要求

身体要保持清新的味道，别让人一靠近你就被一股怪味吓走，勤洗澡，体味比较重的职场女士，建议用香体露洗澡或洗后擦一些保持体香的护肤用品。此外，在公共场合打喷嚏、咳嗽时，要用手绢捂住口鼻，面向一侧，避免引起别人的不适。

## ◎ 职场女士的妆容礼仪

有一位哲人曾经说过："化妆是使人放弃自卑，与憔悴无缘的一味最好的良药。它可以让人们表现得更加自爱，更加光彩夺目。"对于职场女士而言，化妆不仅可以使人自尊、自信、自爱，同时还有着独特的作用，如塑造公司或企业的形象等。

这里简单介绍一下职场女士应了解并遵守的有关化妆的基本礼仪规范。

### 1. 化妆的基本原则

14

注意时间和场合。职场女士在工作的时间和场合只能化工作妆，即淡妆。外出参加活动时，不要化浓妆，否则在太阳光下会显得不自然。职场女士参加吊唁、丧礼活动时，也不可以化浓妆，不可以涂口红。浓妆只有在参加晚会、舞会时才可以化。

不当众化妆。在他人面前化妆很不雅观，也不礼貌，职场女士要注意这点。在公共场合，如果你需要补妆，可以暂时离开，到卫生间补妆。

不非议他人的化妆。由于文化、肤色以及个人审美观点的不同，每个人化的妆也不尽相同，尤其是国外人士。职场女士在社交场合不可对他人的化妆评头论足，尤其是在涉外场合。

不借用化妆品。职场女士外出时，必要的话可带上自己的化妆用品。因为借用他人的化妆品，是不卫生、不礼貌的行为。

### 2. 化妆的技巧

女士准备在一定的场合抛头露面时，其化妆的步骤，大致都是在下述范例的基础上增减变化而已。故此，可以称之为职场女士化妆的基本步骤。

第一步，沐浴。沐浴时使用浴液，浴后使用润肤蜜保养、护理全身，保护手部。

第二步，发型修饰。浴后吹干头发，使用发胶、摩丝等做出满意合适的发型。

第三步，洁面、润肤。用洗面奶去除油污、汗水与灰尘，使面部保持清洁。随后，在脸上扑打化妆水，用少量的护肤霜将面部涂抹均匀，以保护皮肤免受其他化妆品的刺激。

第四步，涂敷粉底。在面部的不同区域使用深浅不同的粉底，以修饰脸形，突出五官，使妆面产生立体感。完成之后，即可使用少许定妆粉来固定粉底。

第五步，修饰眼部。先画眼影，根据不同的服饰、场合，确定眼影的颜色，画眼线，修饰睫毛。然后根据脸形修剪眉形，注意眉弓的位置。

第六步，修饰唇部。先用唇线笔描出合适的唇形，然后填入色彩适宜的唇膏，使其红唇生色，更加美丽。

第七步，喷涂香水，美化身体的整体"大环境"。

第八步，修正补妆。检查化妆的效果，进行必要的调整、补充、修饰和矫正。至此，一次全套化妆彻底完成。

### 3. 卸妆的技巧

卸妆的目的是要净化并护理皮肤，带妆过夜会损害皮肤。一般，职场女士的化妆比男士更为烦琐，这里重点介绍一下职场女士卸妆的一般步骤。

第一步，用卸妆水涂抹假睫毛，然后揭去，要小心谨慎避免伤害眼睛。然后再用棉棒蘸卸妆水，擦去眼睛周围及睫毛根部的化妆品。

第二步，用棉纸或纸巾擦去口红，再抹适量的橄榄油或其他植物油。

第三步，用油质雪花膏涂抹额、颊、鼻和下巴部位。

第四步，用软纸巾擦净面部，再用洗面奶或者香皂洗脸，洗脸时不要用毛巾用力擦脸，应该先把香皂打在手上，然后轻轻搓擦面部，最后用温水冲洗。

第五步，用化妆水浸软的化妆棉擦脸，再涂适量雪花膏，最后涂乳液或营养护肤霜类制品护肤。

## 第二章
## 做个仪态端庄的秀慧女人

仪态是一种无声的语言，是个人性格、品格、情趣、素养、精神世界和生活习惯的外在表现。一个人的举止仪态注注能反映出他的素质、修养及其被人信任的程度，更关系到一个人形象的塑造。在社交中，职场女士应该注意自己的仪态礼仪，努力使自己成为一个举止优雅的人，给人以端庄含蓄、深沉稳健的印象。

17

◎ **女士的坐姿礼仪**

对原一平成为日本推销之神影响最大的吉田胜逞和尚曾告诉他说："人与人之间，像这样相对而坐的时候，一定要具备一种强烈的吸引对方的魅力，如果你做不到这一点，将来就没有什么前途可言了。"优雅端庄的坐姿向人们传递自信、友好、热情的信息，同时也显示出文雅庄重、尊敬他人的良好风范。

职场女士坐姿的整体要求是要庄重、大方、娴雅，给人一种舒适感。因此要坚决杜绝以下不美坐姿：

脊背弯曲。

头部过于向下伸。

耸肩。

瘫坐在椅子上。

跷二郎腿时频繁摇腿。

双脚大分叉或呈八字形；双脚交叉；足尖翘起，半脱鞋，两脚在地上蹭来蹭去。

坐时手中不停地摆弄东西，如头发、饰品、手、戒指之类。

坐姿优雅与否是一个人有无魅力的试金石。具体来说，在坐姿方面对职场女士的细节要求，介绍如下：

### 1.职场女士坐姿礼仪要求

相对男士而言，女士的正确坐姿显得更为重要。一般来说，女士入座应尽量向前，背部一般不要靠在椅背上，可以将随身携带的物品如手提袋或衣物等东西，放在身体和椅背之间。

女士坐下时膝盖不应分开，小腿也要合拢，小腿可以放置在椅子正中间，也可以并拢平行斜放一侧，但是上半身一定要面对正前方，两手可交叉轻握放在腿上。如果双腿斜放左侧，手就放在右侧，相反地，如果双腿斜放在右侧，那手就放在左侧。

在隆重的场合，女士不要采用二郎腿的姿势。但是在一般场合或在场的客人比较熟悉可以偶尔为之。方法是先将左脚向左踏出约45度，然后将左腿放在右腿上；反之亦然，即先将右脚向右踏出45度，然后将右腿放在左腿上。

**2. 落座时的礼仪要求**

女士应双膝并拢，也可根据选择合乎礼仪的坐姿，决定双腿正立或侧放，双肢并拢或交叠。

在他人面前落座时，应坐于座具的前端，避免频频变换坐姿而失礼。女士落座时，应先用手将裙子向前收拢而后落座，以避免落座后再站立起来整理衣裙，不要落座后靠身体的扭动调整裙摆。

**3. 离座时的礼仪要求**

起身离座时，动作应轻缓，不要弄响座椅或将椅垫、椅罩弄得掉在地上。如果可以的话，起身后，要从左侧离座。同"左入"一样，"左出"同样是一种礼节。

和别人同时离座，要注意起身的先后次序。地位低于对方时，应该稍后离座。地位高于对方时，可以首先离座。双方身份相似时，可以同时起身离座。

## ◎ 女士的行姿礼仪

古语说，"行如风"。古人既重坐相也重走相，甚至从姿势和速度上对行走进行分类：足进为"行"，徐行为"步"，疾行为"趋"，疾趋为"走"。不同场合采用不同走相，才符合礼仪的要求。在社交场合中，走路往往是最引人注目的体态语言，最能表现一个人的风度，行姿优美，可增添人的魅力。

对于职场女士来说，其行姿总的要求是：上身正直不动，两肩相平不摇，两臂摆动自然，两腿直立不僵，步伐从容矫健，步态平稳轻松，步幅适中均匀，两脚落地一线。虽不一定要做到古人要求的"行如风"，至少也要做到不慌不忙，稳重大方。

### 1. 行姿的具体要求

**直线前进**

在行进时，要克服身体的左右摇摆，使自己腰部至脚部始终都保持以直线的形状进行移动，双脚两侧行走的轨迹，大体上应呈一条直线。具体的方法是：行走时应以脚尖正对前方，所走的路线形成一条无形的直线。

**重心落前**

在行走时，身体应稍向前倾，身体的重心应落在反复交替移动的前脚脚掌上。在行走过程中，应注意使身体的重心随着脚步的移动不断向前移，切勿让身体的重心停留在自己的后腿上。

**步幅适度**

步幅指的是人们每走一步时，两脚之间的正常距离。步幅的大小因人而异，一般而言，一脚迈出落地后，脚跟离另一只脚脚尖的距离恰好等于自己的脚长。即男子每步约 40 厘米，女子每步约 36 厘米。

**速度均匀**

行走的姿态应以端正的站姿为基础，两腿有节奏地向前交替迈步，速度要均匀，要有节奏感。在一定的场合，一般应当保持相对稳定的速度。一般而言，女士行走的速度为每分钟 118~120 步。应根据场合的不同适度调整行走速度。

**造型优美**

行走时要面朝前方，头部端正，胸部挺起，背部、腰部要避免弯曲，使全身形成一条直线。双肩应平稳，两臂自然地、一前一后地、有节奏地摆动。摆动的幅度，以 30 度左右为佳。

**2. 不同情境下的行姿要求**

关于行姿，除了要牢记"应该怎么做"之外，还应了解一些特殊情境下，职场女士的行姿规范。

陪同引导来宾时

陪同来宾时，如果双方并排行走，陪同人员应居于左侧；如果双方单行行走，要居于左前方约一米左右的位置。当被陪同人员不熟悉行进方向时，应该走在前面、走在外侧。

在行进中引导来宾时，要尽量走在宾客的左侧前方，髋部朝着前行的方向，上体稍向右转，左肩稍前，右肩稍后，侧身向着来宾，并与其保持两三步距离，需用右手做引导手势。

在与他人告别时

应该向后退两三步，再转身离去。退步时要脚擦地面，不要高抬小腿，退步的幅度要小，两腿之间距离不要太大。转身时要先转体后转头，否则没转体先转头或者头与体同时转均是不礼貌的表现。

上下楼梯时

上下楼梯时，要坚持"右上右下"原则。上下楼梯、自动扶梯的时候，都不应该并排行走，而要从右侧上。减少在楼梯上的停留，不要停在楼梯上休息、站在楼梯上和人交谈。注意礼让别人，不要和别人抢行，出于礼貌，可以请对方先走。当陪客人上楼时，陪同人员应该走在客人的后面；如果是下楼，陪同人员应该走在客人的前面。

进出电梯时

进出电梯时，应该侧身而行，免得碰撞别人。进入电梯后，要尽量站在里面。人多的话，最好面向内侧，或与别人侧身相向。下电梯前，应该提前换到电梯间门口。

当陪同引导别人时，如果乘的是无人操控电梯，自己必须先进后出，以方便控制电梯；如果是有人操控的电梯，应当"后进后出"。当在乘电梯时碰上了并不相识的来访客人，要以礼相待，请对方先进先出。

出入房门时

出入房门，务必要用手来开门或关门。开关房门时，最好是反手关门、反手开门，并且始终面向对方。和别人一起先后出入房门时，为了表示自己的礼貌，应当自己后进门、后出门，而请对方先进门、先出门。陪同引导别人时，自己有义务在出入房门时替对方拉门或是推门。在拉门或推门后要使自己处于门后或门边，以方便别人的进出。

### 3. 不同着装的行姿要求

职场女士所穿服装不同，行姿也应该有所区别。一般而言，行走中既要符合礼仪规范，又要充分展现服装的特点。

## ◎ 女士的手势礼仪

俗话说："心有所思，手有所指。"手的魅力并不亚于眼睛，甚至可以说手就是人的第二双眼睛。手势表达的含义非常丰富，是举止仪态礼仪中最丰富、最有表现力的。恰当地运用手势来表情达意，不仅可以强调关键性语句，还能为自身的交际形象增辉。

不同的手势所构成的手势语不同，尽管其有千变万化，十分丰富复杂，但还是有一定的规律可循。在职场中，常见的手势语有以下几种：

**1. 横摆式手势语**

具体做法：将五指伸直并拢，手掌自然伸直，手心向上，肘微弯曲，腕低于肘。以肘关节为轴，手从腹前抬起向右摆动至身体右前方，并与身体正面成 45 度时停止。

适用情况：在职场中表示"请"、"请进"时用此手势语。同时，脚站成右丁字步，头部和上身微向伸出手的一侧倾斜，另一只手下垂或背在背后，目视宾客，面带微笑。

**2. 斜摆式手势语**

具体做法：手先从身体的一侧抬起，到高于腰部后，再向下摆去，使大小臂成一斜线。

适用情况：请客人就座时，手势应摆向座位的地方，可使用斜摆式手势语。

**3. 直臂式手势语**

具体做法：将手指并拢，掌伸直，屈肘从身前抬起，向应到的方向摆去，摆到肩的高度时停止，肘关节基本伸直。

适用情况：需要给宾客指方向时，可采用直臂式手势语。

**4. 双臂横摆式手势语**

具体做法：将两手从腹前抬起，手心向上，同时向身体两侧摆动，摆至身体的侧前方，上身稍前倾，微笑施礼，向大家致意，然后退到一侧。

适用情况：当来宾较多时，表示"请"可以动作大一些，这时候可采用双臂横摆式手势语。

**5. 前摆式手势语**

具体做法：将五指并拢，手掌伸直，自身体一侧由下向上抬起，以肩关节为轴，手臂稍屈，到腰的高度在身前右方摆到距身体 15 厘米处时停止。

适用情况：如果右手拿着东西或扶着门时，这时要向宾客做向右"请"的手势时，可以用前摆式手势语。

此外，在不同的国家和地区，由于文化习俗不同，手势语的含义也有很多差别，甚至同一手势语表达的含义会大相径庭。因此使用时要特别注意。

## ◎ 女士的眼睛礼仪

古人说："人身之有面，犹室之有门，人未入室，先见大门。"现代心理学家总结过一个公式：感情的表达=言语（7%）+声音（38%）+表情（55%）。由此可见，表情在人与人之间的感情沟通上占有相当重要的地位。

表情中起主导作用的是眼睛，它能表达出人们最细微、最精妙的内心情感。从一个人的眼睛中，往往能看到他的整个内心世界。在职场中，用眼睛表情达意时，必须注意以下几个礼仪方面的问题。

**1. 注视时间的长短**

眼睛是心灵的窗户，即便是瞬间的眼神，也能反映出大量的信息。一个良好的交际形象，目光是坦然、亲切、和蔼、有神的。在与人交谈时，目光应该注视对方，不应该躲闪或游移不定。职场女士在与人交谈的过程中，为什么有的人让人感觉舒服，而有的人则令人不自在，甚至不愿意与其交往，这主要与注视的时间长短有关。

在职场交往中，如果谈话时心不在焉，总是东张西望，或不敢正视对方，目光注视时间不到整个谈话的1/2，那是不容易取得对方信任的，交谈也很难顺利进行下去。

职场女士在与初次见面的人交谈时，不可长时间地盯着对方的眼睛，以免引起对方的不安。如果感觉与对方谈得很投机，你可以一直看着对方，引起他的注意，使其意识到你很乐意与他交往。如果两个人很熟悉，或者很谈得来，在整个谈话过程中，目光与对方接触累计应达到全部交谈过程的3/5。

需要注意的是，人际交往中诸如呆滞的、漠然的、疲倦的、冰冷的、惊慌的、敌视的、轻蔑的、左顾右盼的目光都是应该避免的，更不要对人上下打量、挤眉弄眼。

### 2. 注视部位的恰当

交谈时，注视对方部位的不同，传达的信息也有所区别。不同的场合，不同的交际对象，目光所及之处应有所差别。

洽谈、磋商、谈判等正式场合，职场女士注视的位置应在对方脸部，以双眼为底线，上到前额的三角部分。这样给人一种严肃、郑重的感觉，对方会认为你对工作认真负责、有诚意，同时也很看重对方，你就会把握谈话的主动权和控制权。

职场女士若是出席宴会、茶话会、舞会等各种社交场合，目光注视的位置在对方唇心到双眼之间的三角区域。这种注视会令人感到舒服、轻松自然，让人感到你有礼貌。如果是亲人之间、恋人之间或家庭成员之间，注视的区域应在对方双眼到胸之间，这种亲密注视在气氛上比较缓和。

一般情况下，俯视常带有权威感，有轻视人的意思；仰视则表示尊敬和景仰对方。所以，职场女士在与人交往时，尽量不要站在高处俯视别人，站立或就座应选择较低之处，自下而上地仰视别人，尤其是面对长辈、上司和贵宾时。

职场女士与两个人或两个以上的人交谈时，不要只看着与自己谈得来或自己熟悉的人，而冷落了其他人。即使是和高位尊者共处时，也应当适当地与随员或下属进行眼神交流。当面对的客人有男有女时，谈话要"一视同仁"，这样既是礼貌的表现，又能做到有效沟通。

### 3. 不同注视方式的含义

交谈时要将目光转向交谈人，以示自己在倾听，这时应将目光放虚，相对集中于对方某个区域上，切忌死盯对方眼睛或脸上的某个部位，这通常会引起对方的不满。注视别人有多种方式，不同的方式代表不同的含义。

## ◎ 女士的表情礼仪

神态表情是人类的第一语言，它真实可信地反映着人们的思想、情感以及其他一切方面的心理活动与变化，它比语言更加直观、可信。职场女士的神态是极其重要的，想要良好的职场交往游刃有余，就要

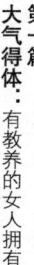

学会使用笑容等脸部表情的语言。

笑容是一种令人感觉愉快的、既悦己又悦人的发挥正面作用的表情。笑容是职场女士在人际交往中的一种润滑剂，它能够有效缩短双方的心理距离，为进一步深入沟通与交往创造良好条件。

**1. 笑的种类**

大多数的笑是善意的，但也有失礼、失仪的笑。根据职场女士在社交场合的实际需要，一般以含笑、微笑、轻笑最为常见，并以微笑最受欢迎。

**2. 微笑，职场交往的润滑剂**

一个大公司的人事经理经常说："一个拥有纯真微笑的小学毕业生，比一个脸孔冷漠的哲学博士更有用。"因为微笑是一个人的基本素质，也是公司最有效的商标，比任何广告都有力，只有它能深入人心。

微笑是社交场合中最富吸引力、最令人愉悦，也最有价值的面部表情。在交往中，微笑有非常深刻的内涵。微笑着接受批评，显示你承认错误但不诚惶诚恐；微笑着接受荣誉，说明你充满喜悦但不骄傲自满；遇见上司，给一个微笑，表达了你的尊敬但无意讨好；给客户一个微笑，表示你的友好和值得信赖。

职场女士在社交场合中难免会接触或置身于陌生的环境，如果板起一张冰冷的面孔，对沟通和交流是极其不利的。我们完全可以换一副表情，不要那种冷冷的傲慢的表情，微笑一下，岂不是更好吗?

职场女士对交往的对象报以微笑，往往是向对方表白自己没有敌意，并可以进一步交往。微笑如春风，使人感到温暖、亲切和愉快，它能给彼此的交谈带来融洽平和的气氛。

职场女士应该把微笑视为打开他人心扉的一把"金钥匙"，成功地运用它，你便会在职场上左右逢源、处世得心应手。

应该注意的是：微笑一定要发自内心、亲切自然。只有发自内心的微笑才富有魅力，让人愉悦欢心。不要为了讨好别人故作笑颜、满脸堆笑。再者，并不是什么场合都要微笑的，在参加追悼会、扫墓或是非常严肃庄重的场合，就不可以微笑了。

### 3. 注意笑的禁忌

笑的种类很多，有些笑是不礼貌、不符合礼仪规范的。无论是在职场中还是一般的场合，它们是不应该出现的。那么，有哪些笑是禁忌的呢？

忌冷笑。冷笑是含有怒意、讽刺、不满、无可奈何、不屑、不以为然等意味的笑。这种笑容易使人产生敌意。

忌怪笑。怪笑即笑得怪里怪气，令人心里发麻。它多含有恐吓、嘲讽之意，令人十分反感。

忌媚笑。媚笑是指有意讨好别人的笑。它亦非发自内心，而来自一定的功利性目的。

忌窃笑。窃笑指偷偷地笑。多表示扬扬自得、幸灾乐祸或看他人的笑话。

第三章
**做个懂得礼节的秀慧女人**

礼貌的接待和拜访，代表着公司的形象，同时也可以看出个人的素质和涵养。智慧女人就应该遵循礼仪的原则，不要为公司的形象带去瑕疵，想要成功，必须练就拜访与接待的技能，因为它是人们联络感情的最佳桥梁，是发展自身的最有效方法。

## ◎ 智慧女人要懂的见面礼节

在职场中，为了表达双方的敬意，见面时要使用一些见面礼，如握手、介绍等，它意味着双方社交活动的正式开始。由于民族、地域、习惯、时代的差异，人们的见面礼也各式各样，形形色色。下面介绍几种职场礼仪中最常见的见面礼。

### 1. 鞠躬礼

鞠躬礼是尊敬对方的礼貌动作。一般情况下，在下级对上级、服务人员对宾客、初次见面的朋友之间、欢送宾客及举行各种仪式时使用。在我国，主要用于演员谢幕、讲演和领奖、举行婚礼和悼念活动等场合。

我国比较正式的鞠躬礼分为以下两种：

一鞠躬

礼仪要点：行礼时，身体上部向前倾斜约15度，受礼者随即还礼。但长辈对晚辈、上级对下级，不鞠躬，只需欠身点头即表示还礼。上身倾斜的度数越大，表示行礼者地位越卑微，或者对受礼者有所求，因此在社交场合中不要行90度的鞠躬礼。

适用范围：一鞠躬的适用范围比较广泛，比如初次见面的朋友之间、上级与下级之间、晚辈与长辈之间、演讲者与听众之间、主人与客人之间、演员与观众之间，都可以用一鞠躬。

三鞠躬

礼仪要点：鞠躬前，先脱帽或摘下围巾，然后身体立正，目光平视；鞠躬时，身体上部向下弯约90度，然后即恢复原状，这样连续三次。施礼时，应注意庄重和严肃。

适用范围：通常只有在参加追悼会或葬礼时才施三鞠躬礼。

**2. 拥抱礼**

行拥抱礼时，两人相对而立，上身稍稍前倾，各自右臂偏上，左臂偏下，右手环拥对方左肩部位，左手环拥对方右腰部位，彼此头部及上身都向左相互拥抱，然后头部及上身向右拥抱，最后再向左拥抱一次。拥抱礼多用于官方、民间的迎送宾客或祝贺致谢等社交场合。

**3. 鼓掌礼**

鼓掌礼一般表示欢迎、祝贺、赞同、致谢等。行鼓掌礼时，双手合拍，自然热烈，不要戴手套，不要忘形、使劲地鼓掌。如果是在观看文艺演出时，应在节目开始时或结束后才鼓掌。

### 4. 脱帽礼

行脱帽礼时，有很多细节问题需要注意。若在室外行走中与友人迎面而过，只要用手把帽子轻掀一下即可。要停下来与对方谈话，则一定要将帽子摘下来，拿在手上，等说完话再戴上。男士向女士行脱帽礼，女士应以其他方式向对方答礼，如点头致意，但男士是必行脱帽礼的。

## ◎ 女人必知的握手礼仪

一位著名形象设计师说："握手对双方的接触来说虽然只有几秒，却很清晰地传递出你是否理解了商业礼仪背后的含义，即相互尊重。"在各种场合能轻松自如地与相识的或陌生人握手，是现代社会中每个人都应该学会的一种礼节。

作为一个细节性的礼仪动作，职场女士有必要了解握手的四个要素，以便自己在职场交往中做到不因小失大。很多时候，细节决定成败。

### 1. 握手的时机

对久别重逢的熟人，相见时应热情握手，以表问候、高兴和关心。

在比较正式的场合与相识之人告辞时，应握手道别。

邀请客人参加活动，告别时，主人应与所有客人一一握手，以谢光临。

在拜访上司、同事或客户之后辞行时，握手表示再见之意。

被介绍与人相识时，与对方握手表示与之相识很高兴。

在外面偶遇同事、朋友、客户或上司时，握手表示高兴。

他人支持、鼓励或帮助你时，应握手致谢。

参加友人、同事或上下级的家属追悼会，离别时应与其主要亲属握手，表示劝慰节哀之意。

应邀参与社交活动道别时，与主人握手以示感谢。

在他人获得新成绩、得到奖励或有其他喜事时，与之握手表示祝贺。

当他人向自己赠送礼品或颁发奖品时，握手以表示感谢。

### 2. 握手的掌势

握手时，掌心向上是谦恭和顺从的象征；掌心向下，显得傲慢，似乎有一种支配欲和驾驭感，下级对上级、晚辈对长辈使用这一手势显然是失礼的；若双方手掌均呈垂直状态，意为两人都想使对方处于顺从地位，而自己处于支配地位。在涉外场合，双方手掌均呈垂直状态，意为地位平等。

### 3. 握手的次序

在职场中，握手时伸手的先后次序主要取决于职位、身份；在社交、休闲场合，主要取决于年纪、性别、婚否。一般而言，主人、长辈、上司、女士主动伸出手，客人、晚辈、下属、男士再相迎握手。如：

遇到上级或长辈时，你不必忙着伸手，当对方伸出手时，你再伸手也不迟；当对方是下级或晚辈时，你就成了上级或长辈，你应热情主动地把手伸过去。

客人来访时主人先伸手，以表示热烈欢迎；告辞时，待客人先伸手后，主人再伸手与之相握，否则有逐客的嫌疑。

男士和女士之间，绝不能男士先伸手，这样有失礼貌。如果男士先伸出手，女士一般不要拒绝，以免造成尴尬的局面。

已婚者与未婚者握手，应由已婚者首先伸出手来。

社交场合的先至者与后来者握手，应由先至者首先伸出手来。

当一人与多人同时握手时，可按由近及远的顺序依次进行；在社交场合握手时应按照顺时针方向进行。

### 4. 握手的力度

握手力度应适中，以不握疼对方的手为限度。如果与人握手时不用力，会使对方感到你缺乏热忱与朝气；也不可以拼命用力，否则会有示威、挑衅的意味。

老同事、老朋友之间为了表示热情友好，应当稍许用力，即使握得对方隐隐发疼，也只会换来一片欢声笑语。

另外，职场女士在握手时，还要注意以下事项：

握手时，除了手上的动作与身段的配合外，还应以脸上的表情予以配合。握手时态度要自然，面带微笑，精神集中。

向他人行握手礼时应起身站立，不要坐着与人握手，以示对对方的尊重。如果两人都坐着，可不用起立，只需上身微倾与对方握手即可。

如一方伸出手来，另一方则应做出回应，不宜反应迟钝，半天才伸手，这样会使对方陷入尴尬境地。因此，握手之前要审时度势，留意握手信号。

握手时，应该伸出右手，绝不能伸出左手，伸出左手是失礼的。特别是有的国家、区域忌讳使用左手握手。在特殊情况下不能用右手相握应说明原因并致歉。

## ◎ 学会正确的自我介绍

在职场活动中，如何给人留下美好的印象呢？自我介绍便是其中一项修炼，它把你自己用简洁或风趣的语言包装一番之后，推销出去。从某种意义上说，自我介绍是职场交往的一把钥匙。运用得好，可为你职场活动的顺利进行助一臂之力，反之则可能给你带来种种不利。因此，职场女士掌握正确的介绍礼仪是非常必要的。

### 1. 自我介绍的时机

自我介绍是推销自身形象和价值的一种方法和手段。在职场中，如遇到下列情况时，自我介绍是很有必要的：

社交场合中遇到你希望结识的人，又找不到适当的人介绍时。

当对方忘记自己的名字时。

电话约某人，而又从未与这个人见过面。

与不相识者相处一室。

不相识者对自己很有兴趣。

他人请求自己作自我介绍时。

在聚会上与身边的陌生人共处。

求助的对象对自己不甚了解，或一无所知。

前往陌生单位，进行业务联系时。

在旅途中与他人不期而遇而又有必要与人接触时。

初次登门拜访不相识的人。

发表职场演讲、发言前。

**2. 自我介绍的方式**

在职场中，由于所处场合、环境的不同，自我介绍的方式也有所不同。职场女士应该根据实际需要选择合适的介绍方式。

**3. 把握好自我介绍的分寸**

在社交和职场交际场合，由于人际沟通或业务上的需要，时常要作自我介绍。职场女士如果说不清或不能恰当说明自己的身份和来意，往往会造成难堪的场面。可见，自我介绍看似简单，其实大有讲究，需要你把握其中的分寸。

进行自我介绍时，一定要力求简洁，尽可能地节省时间。一般情况下，半分钟左右为最佳，如无特殊情况最好不要长于 1 分钟。在作自我介绍时，可利用名片作辅助，以提高效率。

自我介绍应在适当的时候进行。进行自我介绍，最好选择在对方有兴趣、有空闲、干扰少时，如果对方正忙于与别人说话，切不可随意打断别人的谈话，这时可点头致意后在一旁等待。

进行自我介绍时，语速要适中，表情要亲切自然。介绍时，整体上讲求落落大方，笑容可掬。不要显得不知所措、面红耳赤，或随便、满不在乎，也不要语气生硬冷漠、语速过快过慢，或者语音含糊不清，这样都会严重影响自我形象。

在进行自我介绍时，应该实事求是，既不要拔高自己也不要贬低自己。过分谦虚，一味贬低自己去讨好别人，或者自吹自擂，夸大其词，都是不能得到别人的好感和信任的。因此，介绍用语要留有余地，不宜用"最"、"极"、"特别"、"第一"等表示极端的词语。

## ◎ 职场接待的准备工作

企业业务往来的增加，对外交往面的扩大，将会使企业的接待工作越来越重要。为了表现出良好的礼仪及风度，为了表示己方的热情和重视，在宾客到来之前，需有充分的计划及准备。

### 1. 了解客人情况

来访的客人，有的是主动而至，有的是接受本企业的邀请而至。不论客人是主动的还是被邀请的，职场女士都应了解他们的基本情况，以便进一步做好接待工作。

一般而言，需要了解的客人情况包括：来访的目的、要求；来宾的人数、姓名、性别、职务；来访路线、交通工具，抵达和离开的具体时间；会谈的内容，参观的项目；来宾的生活习惯、个人爱好、饮食禁忌等。

### 2. 确定接待规格

在职场活动中，接待规格的高低主要表现在安排活动的多少、场面规模的大小、招待的档次、迎送陪同人员职务的高低等方面。

确定接待规格应根据来访客人的身份、到来的目的、性质、时间长短以及本单位的情况等综合因素考虑。

### 3. 做好日程安排

日程安排的项目，具体应包括迎送、宴请、会见、会谈、晚会、参观、下榻宾馆等。日程力求详细具体、一目了然，确定后，应译成

来访客人使用的文字，打印好，以供双方使用。在做日程的安排时，职场女士还应考虑到来访客人的愿望、风俗习惯、宗教信仰等。

### 4. 准备好相关材料

当客人到来之前，应先将各种相关资料配备妥当，不可在客人已经来了才慌慌张张地找寻，这样会给人一种不专业的感觉，并认为你缺乏对客人的尊重。

通常，需要准备的相关材料包括公司的宣传简介、餐厅的菜单、商店销售的商品及使用说明等。为帮助客人尽快熟悉当地环境，可准备一些有关资料提供给客人查阅，如城市简介、交通图、游览图等。

此外，还必须备有充足的介绍本公司机构、历史、宗旨、服务项目等资料的宣传品，以便随时赠送给客人。

### 5. 办公室环境艺术

办公室是具有接待职能的职场组织机构，它是连接职场组织与公众关系的枢纽，也是体现职场组织管理水平和精神面貌的窗口。接待工作一般在办公环境中进行。办公室接待，是塑造职场组织形象，搞好职场公共关系的重要一环。

对于有条件的公司来说，可在办公室旁附设接待室。接待室分中式、西式两种，中式一般洁净、朴实、方便，具有传统文化等风格；西式接待室一般要求光线和色彩的柔和、深沉、高雅、豪华格调，室内应配备必要的通信设施、音响设备、宣传资料、接待用品。无论中式还是西式，接待室都要注意空气清新，保持适宜的室温和湿度。

### 6. 相关设备的准备

接待来访者的地方应备一部电话，以便接待中在谈及有关问题需要询问其他部门时，可立即打电话。一台复印机也是必不可少的，以便当来访者索求有关资料时，或主动提供有关资料时能及时应付。

接待办公室除了安放一般办公家具、文具用品之外，还应有存放各种档案资料的柜子，用以存放员工生日、籍贯、工资、家庭情况的档案、公司股东、客户来信和其他档案等。

除此以外，挂一面镜子，提醒工作人员随时整理自己的头发、衣饰，以保持整洁优雅的仪表和风度。


## ◎ 职场接待要有礼有节

礼貌待客一直是中华民族的传统美德。随着社会的进步，在人际交往中，人们接待行为的一些规范准则，也不断丰富、发展和变化。在经济发展的今天，接待礼仪在职场活动中的作用不可忽视。

### 1.迎客的礼节

接待客人时，职场女士要随时记得"顾客至上"。在前台接待客人的原则是"别让客人久等"，如果已确定由内部接见，前台人员应引导客人到会客室，正确的做法是跟客人说："让我带您到会客室好吗？"然后在前面领路。

在接待客人时，可能需要经过公司的不同场所，职场女士应该留意以下几点：

**走廊**

在通过走廊时，自己应走在客人前面两三步的地方。让客人走在走廊中间，转弯时先提醒客人："请往这边走。"

楼梯

先告诉客人去哪一层楼，上楼时让客人走在前面，一方面是确保客人的安全，一方面是使自己不能站得比客人高，以显示自己的谦逊。

电梯

必须主导客人上、下电梯。首先必须先按电梯按钮，如果只有一位客人，可以以手压住打开的门，让客人先进，如果人数很多，则应该先进电梯，按住开关，先招呼客人，再让公司的人上电梯。出电梯时刚好相反，按住开关，让客人先出电梯，自己再走出电梯。如果上司在电梯内，则应让上司先出，自己最后出电梯。

**2. 待客的礼节**

对来访客人，无论职位高低、是否熟悉，都应一视同仁，热情相迎，亲切招呼。如果客人突然造访，也要尽快整理一下房间、办公室或书桌，并对客人表示歉意。

当客人来访时，职场女士应该主动从座位上站起来，引领客人进入会客厅或者公共接待区，并为其送上茶水或者饮料，如果是在自己的座位上交谈，应该注意声音不要过大，以免影响周围同事。与访客谈论工作时，必须肯定，不带臆测，只讲必要的话。

客人到达，如果是长者、上级或平辈，应请其坐上座，主人坐在一旁陪同；如果是晚辈或下属，则请客人随便坐，但都应委派家人或下属送茶。

如果客人想见的人不在，要先向客人致歉，即使他没有事先约好，也不可以怠慢，并问他是否可以由代理人出来见面，或者请他留下联络电话。如果被指定的人不方便见客，可以用会议或正在会客为由，询问对方是否可以由他人代理。

交谈中，应不时地为客人续茶。如果客人到达时正好是吃饭时间，应该请客人用餐或留餐。如果客人远道而来，则尽力安排住宿。

如果前来的客人人数很多，应留意现场秩序的维持，也就是秉持"先到先受理"的原则。对已经轮到的客人应有礼貌地招呼，说出："下一位，请。"如果你能有秩序地应对，客人也就不会做无礼的举动。

### 3. 职场接待注意事项

不速之客来访总是有目的的，或者是探讨问题，或者是交换信息，或者是希望得到帮助，解决困难。为此，主人不能讨厌不速之客，多给不速之客以体谅，热情招待，并了解其来意，尽力满足其要求。

与客人交谈时不要有意无意地总看表，这样很容易被对方误解为下逐客令。

与多人交谈时，要照顾到在场所有的人，不能只与一两个人谈；有要事需与某个人说话，应等别人把话说完，不宜随便打断别人；发现有人想与自己说话，应主动询问，并表示愿意交谈。

主人不能根据自己的好恶而下逐客令，而应该采取一些合乎礼貌的做法，要热情不失礼节。此外，对于自己能办到的事情，应尽力而为，热情主动，要婉转不失身份。

## ◎ 职场拜访准备与技巧

对于职场女士来说，职场往来是必不可少的。与交往对象面对面地沟通是促使职场成功的第一步，那么如何才能够做好一个职场拜访呢？那就是不打无准备之仗，做好职场拜访的准备工作。

### 1. 确定拜访的时间

正式的拜访应该充分考虑到对方是否方便，应尽量在对方容易接受的时间拜访，这样也会使得拜访效果最大化。在决定拜访时，要选择一个恰当的时间，事先征得拜访对象的同意，所以，预约就变得尤为重要。

无论到居室、办公室或者宾馆，都要事先与被拜访者取得联系，约好拜访的时间和地点。进行预约的方式有：当面向对方提出要求约会，用电话向对方提出约会和用书信提出约会。不预约而临时拜访在职场拜访中是十分不合适的。因为，在你突然拜访时，对方可能在忙或者不便。

非正式的拜访时间应选择在节假日的下午或平时的晚饭以后，避免在对方吃饭、午休、临下班的时间。更不要在对方临睡的时候去拜访，以免影响对方的休息，引起对方的反感与不满。

### 2. 准备拜访的内容

中国有句古话："无事不登三宝殿"，拜访都有一定的目的性。如需要商量什么事情，恳请对方做哪些工作等。怎样交谈更为妥当，怎

41

么才能达到拜访的目的，事先要认真地设想和安排一下，并预想可能出现的意外情况以及对策。这样，拜访时你才能胸有成竹，自信沉着，不慌不忙，显得专业而有水准。

如果是拜访身份高者或年长者更要注意谈话的方式。如看望老人、病人或走亲访友、拜见上司需要哪些礼品，也要事先准备妥当。

### 3. 成功的拜访形象

第一印象，永久的印象。职场女士在拜访时，应该十分重视自我形象，这也是促使拜访成功的重要因素。拜访形象主要有以下几个方面：

外部形象

服装、仪容、言谈举止乃至表情动作上都力求自然、大方，以保持良好的形象。

控制情绪

不良的情绪是影响成功的大敌。在拜访过程中，无论出现什么情况，要学会控制自己的情绪，制造一种愉悦的气氛。

诚恳态度

"知之为知之，不知为不知"，应该对所说的话负责，持一种诚恳的态度，以免因自己的谎言而出现尴尬场面。

投缘关系

应该尽量了解对方的习惯、爱好，清除对方心理障碍，建立起投缘关系，至此就等于建立了一座可以和对方沟通的桥梁。

### 4. 成功拜访的技巧

开门见山，直述来意

初次和客户见面时，在对方没有接待其他拜访者的情况下，职场女士可用简短的话语直接将此次拜访的目的向对方说明：比如向对方介绍自己是哪个产品的生产厂家（代理商）；是来谈供货合作事宜，还是来开展促销活动；是来签订合同，还是查询销量；需要对方提供哪些方面的配合和支持等。

突出自我，赢得注目

有时，职场女士一而再、再而三地去拜访某一家公司，但对方却很少有人知道他是哪个厂家的、叫什么名字、与之在哪些产品上有过合作。此时，职场女士在拜访时必须想办法突出自己，赢得客户及大多数人的关注。

职场女士可以利用名片来加强对方对自己的印象，还可以在发放产品目录或其他宣传资料时，在显著的地方标明自己的姓名、联系电话等主要联络信息，并以不同色彩的笔迹加以突出；或者销售员可以以操作成功的、销量较大的经营品种的名牌效应引起客户的关注。

察言观色，投其所好

拜访客户时，常常会碰到这样一种情况：对方不耐烦、不热情地对我们说："我现在没空，我正忙着呢！你下次再来吧。"面对这样的情况。职场女士要判断客户是否真的如他所说，如果是，职场女士可以在一边帮忙，与客户融为一体、打成一片；要有无所不知、知无不尽的见识。如果只是客户心情不好，最好是改日再去拜访了，不要自找没趣。

明辨身份，找准对象

职场女士要弄清对方的真实"身份"，弄清他到底是采购经理、销售经理、卖场经理、财务主管，还是一般的采购员、销售员、营业员、促销员。根据不同的拜访目的对号入座去拜访不同职位（职务）的人。

端正心态，永不言败

客户的拜访工作是一场概率战，很少能一次成功，也不可能一蹴而就、一劳永逸。职场女士既要总结拜访失败的原因，还要锻炼出对客户的拒绝"不害怕、不回避、不抱怨、不气馁"的"四不心态"，这样就可以离客户拜访的成功又近了一大步。

## ◎ 职场拜访的礼仪须知

职场拜访礼仪对于业务往来、企业形象都非常重要。在拜访的过程中，职场女士的表情态度、谈吐举止，将直接影响到拜访的效果。所以，文明礼貌的语言和优雅得体的举止是职场拜访的永恒要求。具

体来说，职场女士要了解并掌握以下一些有关拜访的知识，这样，拜访才能得心应手、事半功倍。

### 1. 了解拜访的种类

一般拜访

因为现代人都有自己的生活、事业圈，不欢迎其他人冒昧访问，如果需要拜访，应通过电话、口信、书信等事先约定拜访的时间。

请教拜访

请教拜访的对象一般都是长者，或者是地位较高、学识较丰富的人。拜访前应写信或打电话说清要请教的问题，以便对方有所准备，然后再询问对方什么时候比较方便。拜访时，要比约定时间提前几分钟，请教时要态度诚恳，提问要言简意赅，听解答时要认真，对方解

答之后表示感谢，之后应及时告辞以免影响对方的工作和休息。

### 探视拜访

探望病人应带礼品，以有利于病人康复为原则。可以根据具体情况选购一些有利于康复的食品，或者送一些轻松消遣的书、幽默风趣的漫画、优雅动人的音乐磁带和芳香的鲜花。

### 突然造访

如果因急事来不及预约，也可以突然造访。但突然造访更应注意，一是见到对方后应首先致歉，向对方说明自己没能预约的原因，尽量取得对方的理解。

### 2. 职场拜访的礼节

成也细节，败也细节。在职场拜访中，有很多细小的礼节需要注意。

### 守时

如果临时遇到紧急的事情需要处理，或者遇到了交通阻塞，你应立刻通知要拜访的人。如果打不了电话，请别人替你通知一下。如果是对方要晚点到，你要充分利用等候的时间。例如坐在一个离约会地点不远的地方，整理一下文件，或问一问接待员是否可以利用接待室休息一下。

### 安静等待

当你到达时，被拜访的人正在忙别的事。这时，要安静地等待，不要通过谈话来消磨时间，这样会打扰别人工作。尽管你已经等了十几分钟，也不要不耐烦地总看手表或走来走去，可以问助理他的上司什么时候有时间。如果等不及，可以向助理解释一下并另约时间，说话一定要礼貌，即使你很不满。

### 敲门或按门铃

拜访时，切不可擅自闯入拜访对象的办公室，要先敲门或按门铃，在被允许进入或者对方出来迎接时才可进去。

敲门时，用力要均匀，声音不可过大，也不可过小，太大会让对方认为你不礼貌，而过小可能对方根本听不到。按门铃也是一样，不可过于急躁，应在按一声之后等待一会儿，如果长时间没有回应可再继续按。

### 礼貌交谈

在拜访时，时间对双方来说都很宝贵，你要尽可能快地将谈话进入正题，然后清楚直接地表达你的意思，不要讲无关紧要的事情。说完后，让对方发表意见，并要认真地听，不要辩解或不停地打断对方讲话。你有其他意见的话，可以在他讲完之后再说。

### 彬彬有礼

如拜访对象是年长或身份高者，应待主人坐下或招呼坐下以后方可坐下；对主人委派的人送上的茶水，应从座位上欠身、双手接过，并表示感谢；吸烟者，应尽量克制，实在想抽时，应先征得主人和在场女士的同意。

### 物品搁放

如果在拜访时带有礼品或随身带有外衣和雨具等物品时，应该搁放到主人指定的地方。如果无指定的地方，可在征求主人的意见后，按主人的意见放置，不可乱扔、乱放。

### 把握辞行机会

在与拜访对象交谈的过程中，如果发现他心不在焉，或时有长吁短叹，说明他心情烦躁，或有急事想办又不好意思下逐客令。这时，应适时、礼貌地提出告辞。

在交谈时，如果另有新的客人来访，一定是有事而来。这时，即使你们谈兴正浓，也应在同新来者简单地打过招呼之后，尽快地告辞，以免妨碍他人。

*礼貌辞行*

告辞应由客人提出，态度要坚决，行动要果断，不要嘴上说"该走了"却迟迟不动身。辞行时，应向被拜访者以及在场的客人一一握手或点头致意。会谈完毕亦要留心小节，让对方印象更佳。如离开前先把椅子放回原位，这是有教养的表现。

## ◎ 送迎客人要懂的礼节

在人际交往中，好的开场似一束鲜花带给人愉快的心情，精彩的告别如芬芳的美酒令人回味。迎来送往是职场中常见的礼节。客人来时，职场女士要热情礼貌地迎接；客人走时，要婉言相留、礼貌相送，这是情谊流连的自然显示，是职场交往中的必备礼节，并非俗套与多余。

### 1. 迎接客人的礼节

"客户就是上帝"，迎接来宾要热情周到，具体要做好以下几件事：

*掌握来客抵达的时间*

必须准确掌握来客乘坐火车或其他交通工具抵达的时间，及早通知全体迎接人员和有关单位。如有变化，应及时通知。

由于天气变化等意外原因，飞机、火车等都可能不准时。这时，要想顺利地迎接客人，又不过多耽误参与迎接人员的时间，就要准确掌握抵达时间。迎接人员应在火车或其他交通工具抵达之前到达迎接地点。

献花欢迎

如安排献花，须用鲜花，并注意保持花束整洁、鲜艳，忌用菊花、杜鹃花、石竹花、黄色花朵。献花时，通常由儿童或女青年在与迎接的主要客人握手之后，将花献上。有的国家习惯送花环，或者送一两枝名贵的兰花、玫瑰花等。

介绍

来客与迎接人员见面时，互相介绍。一般情况下，先将前来欢迎的人员介绍给来客，可由其他接待人员介绍，也可以由欢迎人员中身份最高者介绍。

其他

迎接一般客人，主要是做好各项安排。如果迎接的客人是熟人，上前握手，互致问候即可；如果客人是陌生人又是初来乍到，接待人员应主动打听，主动自我介绍；如果迎接的是大批客人，应事先准备好特定的标志，以便客人容易看到，主动前来接洽。

**2. 欢送客人的礼节**

在职场交往中，如果我们迎宾热情送客却很冷淡，也会给客人留下不良印象。所以，送客礼节也不容忽视。

想要结束交谈时，一般不要直接下逐客令，这样会令对方难堪。

可以通过一些身体语言来表达你的意思，如将胳膊肘抬起来或是双手支在椅子扶手上，这就是一种要结束交谈的身体语言。

### 替客人着想

在客人要走时，应暗中帮助他们检查一下，该带的东西是否都已带走；还有没有其他需要商谈、讨论的问题，等等。

### 为客人提供方便

欢送远程的客人时，要尽力为客人提供方便。例如，了解客人需要的返程车票或机票情况，尽可能为之提供购买的方便，如果自己实在无力解决，也要尽早通知客人，免得使客人措手不及。当替客人代购车票或机票时，应问清车次、航次、航班，以及抵达时间等，并问清楚客人有哪些具体要求。

### 礼貌告别

要以恭敬真诚的态度，笑容可掬地送客。与客人在门口、电梯口或汽车旁告别时，要与客人握手，目送客人上车或离开，不要急于返回，应鞠躬挥手致意，待客人移出视线后，才可转身返回。

### 3. 迎送工作中的几项具体事项

迎送身份高的客人，可事先在机场（车站、码头）安排贵宾休息室，准备饮料。

迎送来自远方的客人时，如有可能，在客人到达之前将住房和乘车号码通知客人。如果做不到，可印好住房、乘车表，或打好卡片，在客人刚到达时，及时发到每个人手中，或通过对方的联络秘书转达。

客人来访通常会带有礼品，主人应表示谢意，如"让您破费了"等，绝对不能漠视，或显出"理所当然"的样子。

客人抵达住处后，一般不要马上安排活动，应稍作休息，起码给对方留下更衣的时间。

在送客时，要走在客人的后面，在客人走时可挥手致意，道以"欢迎再来!"如果是远客或年纪大的客人，如有需要（如路不熟、走路不方便等），应送到车站或码头。

当客人带有较多或较重的物品，送客时应帮客人代提重物。

## ◎ 接待客人的乘车礼仪

### 1.正确的座次

职场女士在乘坐轿车时，尤其是当乘坐轿车外出参加较为正式的应酬时，或是与他人一同乘坐轿车时，应当注意保持自己应有的风度，使自己的所作所为表现得彬彬有礼，对他人时时处处"礼让三先"。

职场礼仪规定：确定轿车上的座次，应当通盘考虑的有：谁在开车、开的什么车、安全与否以及嘉宾本人的意愿等。

谁在开车

何人驾驶轿车，是关系座次的头等大事。通常认为，轿车的座次应当后排为上座，前座为下座。这一规定的基本依据是，因为轿车的前排座即驾驶座与副驾驶座最不安全。然而职场女士在应用这一规定时，对"谁在开车"的问题，却不可不闻不问。

在主人亲自开车时，前排的副驾驶座为上座。车上若有其他人在座，一般不应当使之闲置。至少应当推荐一人为代表，坐在副驾驶座上作陪。如果明知故犯，除开车的主人之外，车上只有自己一个人，

却偏要坐到后排去，那就意味着自己"怕死"，也表示自己对主人极度地不友好、不尊重。至少，对方也会觉得"待遇"不平等，您跟"打的"一样了。

如果主人夫妇开车接送客人夫妇，如果男主人驾驶，在其身旁的副驾驶座上就座的应当是女主人，客人夫妇应当坐在后排。

若主人一人开车接送一对夫妇，则男宾应当就座于副驾驶座上，而请其夫人坐在后排。若前排可同时坐三人，则应请女宾在中间就座。

若主人亲自驾驶轿车时，车上只有一名客人，则其务必坐于前排。若此刻车上的乘客不止一人时，应推荐其中地位、身份最高者，在副驾驶座上就座。如果他于中途下车了，则应立即依次类推，"替补"上去一个，始终不能让该座位"空空如也"。

开的什么车

轿车的类型不同，其座次自然也不尽一致，这是不言而喻的。

若乘坐双排轿车，不论是驾驶座居左，还是驾驶座居右，由专职司机开车时，座次应当是：后排上，前排下，右为尊，左为卑。具体而言，除驾驶座外，车上其余的 4 个座位的顺序，由尊而卑依次为：后排右座、后排左座、后排中座、前排副驾驶座。

由主人亲自驾驶双排座轿车时，车上其余的 4 个座位的顺序，由尊而卑依次应为：副驾驶座、后排右座、后排左座、后排中座。

由专职司机驾驶 3 排 7 座轿车时，车上其余 6 个座位（加上中间一排叠椅的两个座位）的顺序，由尊而卑依次为：后排右座、后排左座、后排中座、中排右座、中排左座、副驾驶座。

由主人亲自驾驶 3 排 7 人座轿车时，车上座位的顺序，由尊而卑依次为：副驾驶座、后排右座、后排左座、后排中座、中排右座、中排左座。

由专职司机驾驶 3 排 9 人座轿车时，车上其余 8 个座位的顺序，由尊而卑依次为：中排右座、中排中座、中排左座、后排右座、后排中座、后排左座、前排右座（假定驾驶座居左）、前排中座。

安全与否

乘坐轿车外出，除了迅速、舒适之外，安全问题是不容忽视的。从某种意义上讲，甚至应当将它作为头等大事来对待。

嘉宾本人的意愿如何

如果不是在某些重大的礼仪性场合，对于轿车上座次的尊卑不宜过分地墨守成规。从总体上说，只要乘车者自己的表现合乎礼仪，就完全"达标"了。

52

应当说明的一点是，若宾主不乘坐同一辆轿车时，依照礼仪规范，主人的车应行驶在前，是为了开道和带路。若宾主双方的车辆皆非一辆，依旧应当是主人的车辆在前，客人的车辆居后。它们各自的先后顺序，亦应由尊而卑地由前往后排列，只不过主方应派一辆车殿后，以防止客方的车辆掉队。

## 2.上下车礼仪

在上轿车之前与上了轿车之后，除了对于轿车上座次的主次应当了解外，还应当注意以下问题：

应当注意提前联系好轿车

通常，职场女士在乘坐轿车外出之前，应提前进行联系。所需轿车的类型、数量、预定上车或是会合的地点等，均须事先通报给司机。

尤其是当职场女士搭乘他人的车辆时，更应当提前讲清楚。到了预定的时间，职场女士应当准时在约定的地点等候。越是重要的人际交往，就越是要求职场女士守时守约。无论如何，到时因自己的迟到而让"车等人"，是很不应该的。若因故不能如约，应提前告诉司机，不要让人家白跑一趟。

**中途搭乘他人的轿车，应以不妨碍对方的正事为前提**

中途主动要求或应邀搭乘他人的轿车时，不要忘记向车主、司机或邀请自己的人当面道谢。上车之后，若碰上自己以前不认识的人，应主动打招呼。必要时，还须为对方受到自己的连累而道歉。下车时要说"再见"。

**应当注意自己在上下轿车时的表现**

在正常的情况下，与他人一起乘坐轿车时，上下车的先后顺序有着一定的礼数。

如果当时环境允许，应当请女士、长辈、上司或嘉宾首先上车，最后下车。

若您一同与女士、长辈、上司或嘉宾在双排座轿车的后排上就座的话，应请后者首先从右侧后门上车，在后排右座上就座。随后，应从车后绕到左侧后门登车，落座于后排左座。到达目的地后，若无专人负责开启车门，则应首先从左侧后门下车，从车后绕行至右侧后门，协助女士、长辈、上司或嘉宾下车，即为之开启车门。

乘坐有折叠椅的 3 排座轿车时，循例应当由在中间一排加座上就座者最后登车，最先下车。

乘坐 9 座 3 排座轿车时，应当由低位者，即男士、晚辈、下级、主人先上车，而请高位者，即女士、长辈、上司、客人后上车。下车时，其顺序则正好相反。唯有坐于前排者可优先下车，拉开车门。

由主人亲自开车时，出于对乘客的尊重与照顾，主人最后一个上车，最先一个下车。

职场女士自己在上下车时，动作应当"温柔"一点，不要动辄"铿锵作响"。上下车时，不要大步跨越，连蹦带跳，像是"跨栏"一样。穿短裙的女士，上车时，应首先背对车门，坐下之后，再慢慢地将并拢的双腿一齐收入，然后再转向正前方。下车时，应首先转向车门，先将并拢的双腿移出车门，双脚着地后，再缓缓地移出身去。

上下车时，应当注意对高位者主动给予照顾与帮助。

职场女士如果身处低位，则在上下车时，还需主动地为高位者开关车门。具体来讲，当高位者准备登车时，低位者应当先行一步，以右手或左右两只手同时并用，为高位者拉开车门。拉开车门时，应尽量将其全部拉开，即形成90度的夹角。

在下车时，低位者可以先下车去帮助开门，以示敬重。其操作的方法与上车时基本相同。

**第四章**
# 做个懂得外交的秀慧女人

在与外国商务人员接触时，应该遵循一定的有关国际交往惯例的基本礼仪，即商务涉外礼仪。尤其是职场中的女性，必须了解其他国家的宗教、语言、文化、风俗和习惯，才能更好地与外国友人进行沟通交流，更好地、恰如其分地向他们表达我们的亲善友好之意。

## ◎ 涉外礼仪的基本原则

所谓的职场涉外礼仪原则，是指我国职场女士在接触外国职场女士时，应当遵循并应用的有关国际交往惯例的基本原则。作为职场女士，既要了解掌握涉外礼仪基本原则，还要在工作中认真地遵守、应用涉外礼仪原则。

### 1. 信守时间

在人际交往中，应遵守"信守时间"的原则。

在跨国家、跨地区的人际交往中，取信于人，既是自我表现的一大目标，也是奠定交往对象彼此之间良好关系的基石。信守时间，遵守约会，是取信于人的一项基本要求。

信守时间应注意以下的问题：

在有关时间的问题上，不可以吞吞吐吐、含含糊糊、模棱两可。

与他人交往的时间一旦约定，即约会一经定立，就应千方百计予以遵守，而不宜随便加以变动或取消。

对于双方之间约定的时间，唯有"正点"到场方为得体。早到与晚到，都是不正确的做法。

在约会之中，不允许早退。

万一失约，务必要尽早向约会对象通报，解释缘由，并为此向对方致歉。绝不可以对此得过且过，或者索性避而不论，显得若无其事。

### 2. 不妨碍他人

在公共场合中，应遵守"不妨碍他人"的原则。

不妨碍他人的原则，其基本含义，是要求人们在公共场所里进行活动时，务必要讲究公德，善解人意，好自为之，切勿因为自己的言行举止不够检点，而影响或妨碍了当时在场的其他人士，或是因此而使当时在场的其他人士感到别扭、不安或不快。

根据这项原则，在公共场合进行活动时，绝对不可以忘乎所以、为所欲为。此时此刻，无论有无熟人在场，均须严于律己。

### 3. 不得纠正

在相互交往中，应遵守"不得纠正"的原则。

不得纠正的意思，是要求在同外国友人打交道的过程中，只要对方的所作所为不危及其生命安全，没有违背伦理道德，不触犯法律，不损害我方的国格人格，在原则上都可以对之悉听尊便，而不必予以干涉与纠正。遵守不得纠正的原则，是对对方尊重的一个重要的体现。

### 4. 维护个人隐私

在言谈话语中，应遵守"维护个人隐私"的原则。

在国外，人们是普遍讲究崇尚个性、尊重个性的。其一大基本做法，就是主张个人隐私不容干涉。个人隐私，泛指一个人不想告之于人或不愿对外公开的个人情况。在许多国家里，它受到法律的保护。因此，在跟外国友人打交道时，千万不要没话找话，信口打探对方的个人情况。尤其是当发现对方不愿回答时，更应当适可而止。

### 5. 以右为尊

在位置排列中，应遵守"以右为尊"的原则。

所谓以右为尊，意即在涉外交往中，一旦涉及位置的排列，原则上都讲究右尊左卑、右高左低。也就是说，右侧的位置在礼仪上总要比左侧的位置尊贵。这一国际上通行的做法，与国内传统的"以左为上"的做法正好相反。唯独在佩戴勋章时，才有一个例外：勋章通常应被佩戴于左侧的衣襟上。

关于前后的位置排列，情况要复杂一些。不过大体来说，基本上是讲究以前为尊的。即前尊后卑、前贵后贱、前高后低，前排的位置要较后排的位置尊贵。

## ◎ 涉外会见、会谈礼仪

会见，又称接见或拜见，指在国际交往中，主客双方的见面仪式。身份低的人士会见身份高者，或客人会见主人，一般称拜会或拜见。

拜见君主，又称谒见、觐见。我国一律称会见，回访则称回拜。

会谈，指多边或双边就某些重大问题以及共同关心的问题交换意见。会谈也可涉及洽谈业务，或者对某些具体业务进行谈判。会谈的内容较正式，政治性或专业性较强。

### 1. 会见、会谈程序

会见、会谈是社交礼仪的基本形式，在国际交往中较为常见。其活动程序一般如下：

要求会见。要求会见方应向接见方说明被会见人姓名、职务以及要求会见何人、会见目的。接见方应尽早回复。

接见方的安排者，应主动向对方了解上述情况，做好安排并通知有关出席人员。

准确掌握会见、会谈时间、地点和双方出席人员名单，及早通知有关单位和人员做好各项准备工作。接见方应提前到达。

会见、会谈座位要安排足够。如双方人数较多，厅室面积较大，则应准备扩音设备。会谈如用长桌，事先应排好座位图。现场放置座签，座签上的字体应配有中外文，字迹要工整清晰。

如要合影，应事先安排好位次，人数较多则要准备梯架。位次安排应由主人居中，按礼宾次序，以主人右手为上，主客双方间隔排好。第一排人员一方面要考虑人员身份，同时要考虑场地大小，以能否全部摄入画面为准。一般由主方人员站两端。

主人应在门口迎接客人。可以在大楼正门迎接，也可以在会客厅门口，或者先由礼宾人员在大门口迎候，再引入会客厅。如要合影，应安排在宾主握手之后。会见结束时，主人应送至车前或门口握别，目送客人离去后再退回室内。

　　领导之间的会见或会谈，除陪同人和必要的翻译、记录人员外，其他人员在安排就绪后均要退出。如允许记者采访，也只是在正式会谈开始前几分钟，然后全部离开。会谈期间，旁人不要随意进出。

### 2. 会见、会谈的座次安排

　　在国际社交礼仪活动中，会见、会谈是较正规的活动，要求慎重对待，其重点在于座位的安排。

　　会见的座次。会见一般安排在会客厅或办公室。通常宾主各坐一边，也有穿插坐在一起的。某些国家的会见还有其独特礼仪程序，如双方简短致辞、赠礼、合影等。我国习惯在会客厅会见，客人坐在主人右边，翻译和记录安排坐在主人和主宾的后面。其他客人按礼宾顺序在主宾一侧就座，主方陪同人在主人一侧。座位不够时可在后排加座。

　　会谈的座次。双边会谈通常用长方形、椭圆形或圆形桌子，宾主相对而座，以正门为准，主人坐背门一侧，客人面向正门，主谈人居中。我国习惯把翻译安排在主谈人右侧，但有的国家也让翻译坐在后面，一般应尊重主人的安排。其他人按礼宾顺序左右排列。记录员可安排在后面，如会谈人数少，也可安排在会谈桌就座。

　　如会谈长桌一端向正门，则以入门的方向为准，右为客方，左为主方。多边会谈，座位可摆成圆形、方形等。小范围会谈，有时只设沙发，座位按会见座次安排。

### 3. 会见、会谈的礼节要求

　　会见、会谈的礼节要求比较正规，因此要特别注意。主要分为介绍、握手、谈话三项：

介绍

正式会见，应由第三者介绍。介绍时，举止要自然得体，要有礼貌地以手示意，而不要用手指指点点。

介绍有先后之别。应把身份低、年纪轻的介绍给身份高、年纪大的，把男子介绍给妇女（我国传统介绍方式则相反）。介绍时，除妇女和年长者外，一般应起立；在会谈桌上可不必起立，被介绍者只要微笑、点头有所表示即可。

握手

握手是大多数国家相互见面和告别的礼节，在国际交际场合运用最普遍，一般在相互介绍和会面时握手。

在会见、会谈场合，在双方介绍完以后，可相互握手，寒暄致意。关系亲近的可边握手边问候，甚至两人双手长时间握在一起。在一般情况下，轻握一下即可。

谈话

在国际交往中，同外宾会见、会谈时，要落落大方，诚恳自然。同时注意内外有别，不要强加于人，自吹自擂。

外宾谈话时，不要轻易打断，要给对方充分表达思想的机会。要面向外宾，注意倾听，不可只和我方人员或翻译私下嘀咕，也不要做出心不在焉或闭目养神状。谈话声音的高低应适当。如没有听明白，不妨再问一遍。如发觉外宾对我方谈话有未领会的神情，应及时通过翻译解释清楚。

与外宾谈话，要实事求是。称赞对方不宜过分，自己谦虚也须适当。不要打听外宾私事，更不要以对方的生理特征为话题。涉及对外事项和外宾的各种要求，如无把握，不得擅自表态许诺。我方的内部安排，未经许可，不得向外宾透露。自己不清楚的事不要随便答复。答应了的事，一定要设法办到。

## ◎ 涉外参观、游览礼仪

外国客人来访，应考虑安排参观游览活动。通过参观游览，可使其了解我国的历史文化、风土人情和经济发展情况，也是树立国家、部门、企业形象，扩大对外宣传和搞好开放工作的大好机会。

### *1.* 选定项目

选定参观游览项目，主要考虑以下因素：

来访的目的和性质。一般参观游览都有针对性。根据其目的和性质，安排有针对性的游览活动，是一个基本准则。

来宾的意愿、兴趣。安排参观游览的内容应考虑客人的意愿、兴趣。对一般代表团来说，待其到达后，提出参观游览方案，共同商定；对重要的、身份高的代表团，可事先通过外交途径了解其要求，再予以适当安排。

考虑当地条件的可行性。参观游览要注重当地实际，做到力所能及、切实可行，综合考虑多种因素，比如安全设施、保密设施及接待条件等。

季节与时间的可能性。有些游览项目和季节时令关系很大，安排时理应把气候因素考虑进去。同时，参观时间和途中时间的搭配也应充分考虑好。

### 2. 安排布置

项目确定后，应做出详细计划，包括先看什么，后看什么，中间是否要休息，参观前有无介绍，参观中间是否座谈，各参观点之间距离远近，参观时徒步前往还是乘车前去等。一般地说，这些细节和具体事项应先与陪同外宾的我方人员交换意见，然后再同外宾协商后确定下来，再向接待单位交代清楚，并告知全体接待人员。

### 3. 陪同

按国际交往礼节，外宾前往参观访问时，一般都要有身份相应的人员陪同。陪同人员宜少不宜多。陪同人员主要包括主人、解说员、导游、保安员、司机、翻译人员等。主人陪同的身份、地位一般最好和外宾相同。

62

### 4. 接待参观规范

外宾到达前，被参观单位应尽可能把参观项目的基本情况介绍准备好，以书面形式先发给外宾。外宾到达后，被参观单位的主要负责人，根据本单位的情况向外宾作些介绍。

向外宾介绍情况时应注意以下问题：

介绍要实事求是，但要注意保密。故意夸大或贬低会给人造成一种不诚实的感觉。

介绍要掌握时间与时机，让客人多看；介绍要简明扼要，体现本单位特点，使对方加深参观印象。

介绍要掌握时间和重点分配，随机应变。

介绍要尽量使所有人都能听到、听懂；若人数较多时，可分级介绍或使用扩音器材。

### 5. 摄影

参观游览时，摄影是必不可少的。通常可以参观的地方都允许摄影，而不允许摄影的地方应设有警告牌或外文说明标志。若无标志，一定要事先向外宾说明，以免引起误解。

### 6. 后勤安排

若参观地点遥远，外出游览前要考虑好用餐时间、地点和用餐方式，参观游览的出发时间、集合地点也应事先通知全体人员；行前，应检查车辆，加满汽油，以保证参观游览活动的正常进行。

## ◎ 涉外晚会、舞会礼仪

邀请外国人观看文艺演出或体育表演等活动，既可以增进双方的了解和感情，也是一种艺术享受和娱乐、休息方式，同时还是对外宣传国内文化、艺术、体育成就的一种方式，故而在外事活动中，对来访的外宾都要邀请观看。

### 1. 涉外晚会的组织礼仪

选定节目。这主要考虑到：外宾来访的目的、性质；客人的兴趣与爱好；注意量力而行。

发出邀请。发邀请时，要考虑场地的容纳量，一定要给客人准备足够的座位，切勿出现人多座少的情况。

备好说明书。各种文艺节目，应备有说明书，用主、客双方使用的文字印成。

座位安排。看节目的座位，一般视客人的身份事先安排。看文艺节目，一般以七八排为最佳；看电影，则十五六排为宜。专场演出，应把贵宾席留给主人和主要客人，其他客人可以排座位，也可以自由入座。如对号入座，座号应与请柬一同发出。

入席与退席。专场演出，可安排普通观众先入座。贵宾席客人在开幕前由主人陪同入场，这时其他观众应有礼貌地起立鼓掌表示欢迎。演出中间，观众不得退场；演出结束，一般观众待贵宾退场后再离去。

献花。许多国家习惯在演出结束时向演员献花。我国在专场晚会或首场演出结束时，亦往往献花篮或花束，主宾在主人陪同下登台向演员致谢。此种安排，应主随客便，主人一般不提示客人献花，更不一定要让客人登台与演员握手。

64

摄影。许多国家禁止在演出中摄影。我国招待国宾的专场文艺演出，可以拍成新闻片或电影。

演出秩序。工作人员应维持场内秩序，保持安静，不在舞台前随意走动，演出中不牵动观众大厅内进出口的帷幕，以免发出响声。

### 2. 涉外晚会的出席礼仪

接到请柬后能否出席，应尽早回复主人，以免剧场空缺，影响气氛。

请柬中附有座号，则应对号入座；如无座号，到现场按本人身份了解座位的分配情况，然后入座，切忌贸然坐在贵宾席。

演出中应遵守秩序，不交头接耳、窃窃私语，也不要大声谈笑、打呵欠、更不能睡觉。

节目在演出中不要鼓掌和叫好，更忌吹口哨；节目终了，应报以热烈的掌声，以示感谢。此外，观看演出时要保持演出场所的环境卫生。

### 3. 涉外舞会的组织礼仪

被邀请的男女宾客人数比例上要大体相等，对已婚者一般均邀请夫妇。

正式的舞会要发请柬，请柬上写明舞会持续的时间，以便客人在此期间任何时候到场和退场。

舞会场地应宽敞，邀请的总人数要与场地相适应，舞场地板要光滑、整洁。

舞会上要把握好色彩和光线，力求形成一种温馨柔和的氛围。有条件的可安排乐队伴奏，舞曲要精心挑选，符合参加者的需要。

此外，可备些糖果、点心、饮料，以供客人随时享用。

### 4. 涉外舞会的参加礼仪

参加舞会，服饰要整齐，仪态要端庄。国外举行舞会，通常在请柬上注明服装要求，以穿晚礼服和西服为多。

较正式的舞会，第一场舞，由主人夫妇、主宾夫妇共舞；第二场舞，男主人与主宾夫人、女主人与男主宾共舞。

自己不熟悉的舞步，不要下场。

跳舞时不得吸烟，不能戴口罩，不允许大声喧哗。

## ◎ 鲜花的寓意及种类

鲜花最美、最艳、最香，它可以用来装点居室、赠送亲友。通过赠花来表达微妙的感情和心愿，确是别有一番意境。但不同的数字、不同的颜色、不同种类的鲜花都有不同的含意。

### 1. 鲜花的寓意

某种鲜花因品种、色彩、数目和搭配，而具有某种含意。如果不了解鲜花的寓意，那么送花时肯定会出差错，闹笑话。

古往今来，人们根据花卉的特性和艺术形象，创造了"花的语言"，花语形成之后，便流传开来，须人人了解，个个遵守。职场女士有必要了解常用花的花语，以免在送花时出错。

郁金香——爱的表白、荣誉、祝福、永恒。

百合——完美、纯洁，百年好合。

香水百合——纯洁、富贵、婚礼的祝福。

野百合——永远的幸福。

康乃馨——母亲我爱您、热情、真情。

翠菊——追求可靠的爱情、请相信我。

菊花——清静、高洁、真爱。

风信子——喜悦、爱意、浓情蜜意。

蝴蝶兰——祝你幸福。

鸢尾——好消息、想你。

海芋——希望、雄壮之美。

满天星——真心喜欢。

非洲菊——神秘、兴奋、有毅力。

剑兰——用心、长寿、福禄、康宁。

向日葵——爱慕、光辉、忠诚。

牡丹——富贵。

金鱼草——爱出风头。

大丽花——华丽、优雅。

勿忘我——真挚的爱、友情。

红掌——大展宏图。

紫罗兰——请相信我、永恒之美。

星辰花——永不变。

水仙花——清纯、自尊。

桂花——友好、吉祥。

铁树——庄严。

金橘——招财进宝。

茉莉——和蔼可亲。

## 2. 送花的种类

送花的形式有很多种，如花篮、束花、盆花、插花、饰花、花环和花圈等。不同形式的花有不同的含意，也适用于不同的场合。

## ◎ 送花礼仪须知

### 1. 把握送花的时机

在职场交往中，要想送花送得恰到好处，效果颇佳，职场女士首先要把握好送花的时机。一般来讲，以下时机适合送花：

**迎送客人时**

欢迎远道而来的贵宾时，手捧鲜花会使客人感受到你的热情。与即将远行的亲友告别时，送一束鲜花表达惜别之情或者祝福他一路顺风。

**拜访做客时**

前往他人居所拜访做客时，以鲜花为礼，既脱俗，又不至于让对方为难。送花也是向宴会主办人致谢的好办法，不过最好当天早上把花送到，以便让主人布置会场，不然就第二天再送，以致谢意。

**纪念时**

某些特殊的节日可以送花表示庆祝，如母亲节、教师节、妇女节、情人节等。也可用鲜花寄托哀思和缅怀之情，如丧葬典礼、祭扫等活动。

**恭贺时**

遇到重大庆祝活动时，如开业典礼、工程竣工、演出成功、结婚、生子、生日、晋职等，可以送鲜花表示恭贺。

**慰问时**

当同事、上司或其家人碰到不幸、挫折时，或是遭到其他一些天灾人祸时，应前去慰问，并赠以鲜花。准备给病人送花表示慰问时，你若发现病房内花已太多，可以等病人出院回家后再送。

道歉时

不论有心或无意，冒犯别人后，双方关系出现了危机时，为了挽回过去的感情，可以送花致歉。此时应附一张道歉卡。

### 2. 选花的技巧

不同的场合、不同的人赠送的花也应该有区别，这就要求职场女士精心设计。

### 3. 送花的形式

从送递方式看，有本人亲自送递、亲朋好友转送和雇请花使代送三种形式。职场女士应该根据实际情况，选择适当的形式送花。

本人亲自送递。这是最常用的方式，这种方式利于当面说明送花意图，也可以与收花者同时分享喜悦。

委托送递。本人如没有时间，或需要借用亲友与对方的关系时，可以委托亲朋好友代为送递。

雇人送递。通过支付费用，雇请花店送花使者替自己送花。

## ◎ 涉外送花须知

同一种鲜花，在不同的国家和地区，因文化、语言、风俗习惯等差异，有不同的含意。倘若忽视鲜花的寓意，就常常出现差错，收不到送礼的效果。

### 1. 代表国家的鲜花

许多国家都有国花，即以某种鲜花作为国家的标志和象征。各国的国花都是本国人民最喜爱的花。国花通常代表国家形象，人人对它必须尊重、爱护。既不宜滥用国花，也不可失敬于国花。在国际交往中，这一点尤其重要。

### 2. 国外送花禁忌

相同的鲜花，在不同的风俗习惯中，含意大不相同。在跨地区、跨国家的人际交往中，如以鲜花赠人，必须了解禁忌，否则，可能会犯忌。

品种上

在国内外，鲜花都被人们赋予了特定的含意。同一品种的花，不同的国家，会有不同的含意。如黄菊，中国人喜爱黄菊，但千万不要送给西方人，因为在西方，黄菊代表死亡，仅供丧葬时用；荷花，中国人喜欢荷花，可是在日本，它代表死亡；康乃馨，在我国，康乃馨表示热情、祝福，而在西方，它则表示伤感或拒绝，单独送人时必须慎之又慎。

70

色彩上

鲜花的色彩丰富多样。一般而言，红色表示热情，白色表示纯洁，金黄色表示富丽，绿色表示青春与朝气，蓝色表示欢乐、开朗与和平，紫色表示高贵。

但在不同的国家和地区，对鲜花的色彩有着不同的讲究。如：

黄色鲜花，很受中国人欢迎，但不宜送给西方人，因为他们认为黄色暗含断交之意。

红色的鲜花，在我国是最受欢迎的，象征大吉大利、兴旺发达，最适合婚礼上应用，但在西方人眼中，将白色鲜花送给新人才最合适，因为它象征纯洁无瑕。

巴西人认定紫色是死亡的象征，故对紫色鲜花尤其忌讳。

数量上

送花的具体数目，由于文化传统、风俗习惯的不同，在不同国家、不同地区也大有讲究。

在中国，大多讲究"好事成双"，所以，在喜庆活动中送花要送双数，但在丧葬仪式上送花则要送单数，以免"祸不单行"。

但是，在西方国家，送人的鲜花则讲究是单数。例如，送 1 枝鲜花表示"一见钟情"，送 11 枝鲜花则表示"一心一意"。需要注意的是作为凶兆的"13"在送花时是忌讳出现的，有些数字，由于读音或别的原因，在送花时也是忌讳出现的。比如在日本、韩国、朝鲜，以及中国的部分地区，送 4 枝花给人，也会遭人白眼的，因为"4"和"死"谐音。

## ◎ 涉外馈赠规则

礼尚往来是国际上通行的社交活动形式之一，是向对方表达心意的物质表现。在外事活动中，为了向宾客或对方表示恭贺、感谢或慰问，常常需要赠送礼物，以增进友谊与合作。与中国人送礼不同，国外送礼有独特之处，还有一些基本的约定俗成的"规则"。

### 1. 国外送礼的原则

外国人在送礼及收礼时，都很少有谦卑之词。中国人在送礼时习惯说"礼不好，请笑纳"，但外国人认为这有遭贬之感；中国人习惯在受礼时说"受之有愧"等自谦语，而外国人认为这是无礼的行为，会使送礼者不愉快甚至难堪。所以，当接受宾朋的礼品时，绝大多数国家的人用双手接。

送礼花费不大，礼品不必太贵重。送人太贵重的礼物不妥当，易引起"重礼之下，必有所求"的猜测。一般可送点纪念品、鲜花或给对方儿童买件称心的小玩具。

外国人送礼十分讲究外包装精美。

送礼一定要公开大方，把礼品不声不响地丢在某个角落然后离开是不适当的。

西方人大都喜欢在收到礼品后立即打开，并说出感谢的话，以示对送礼人的尊重，你不用介意他是否真正喜欢。

拒绝收礼一般是不允许的。若因故拒绝，态度应委婉而坚决。

### 2. 馈赠礼节

涉外馈赠中应注意对方国家的礼仪习惯。向外国人馈赠应注意以

下几点：

#### 给美国人送礼

可"以玩代礼"，邀请对方共度良宵就可算做送礼。当然也可送葡萄酒或烈性酒，高雅的名牌礼物他们很喜欢，尤其是尽量送一些具有浓厚乡土气息或别致精巧的工艺品，以满足美国人的猎奇心理。送礼可在应酬将结束时，不要在应酬中将礼物拿出来。

#### 给韩国人送礼

韩国人喜欢本地出产的东西，故你在送礼时准备一份本国、本民族、本地区的特产为好。

此外，朝鲜人喜欢送花，斯里兰卡人喜欢赠茶，澳大利亚人喜欢鲜花与美酒。一般外国人喜欢中国的景泰蓝、刺绣品等。

第二篇

# 从容优雅：

## 懂社交的女人拥有能力

　　无论是在生活还是在工作中，智慧女人都懂得如何曼妙地去经营自己与朋友、亲人、爱人、同事以及上下属之间的关系。智慧女人懂得如何交际，如何打造属于自己的交际圈，才能够在人际交往中游刃有余，时常受到命运的垂青。

## 第一章
# 做个懂得社交的优雅女人

良好的人际关系不仅可以促进彼此的感情，还可以使自己的事业路、情感路、财运路等，路路亨通。智慧的女人懂得如何掌握社交的黄金法则，在与人交往中能够营造轻松、和谐的人际关系，懂得社交的智慧女人往往与好友的关系非常亲密，与上级和同事的关系十分和谐，因此社交是智慧女人必须掌握的一项处世技能。

## ◎ 口碑最重要

中国有一句话叫作"好事不出门，坏事传千里"。英国字典编纂家约翰生曾经说过："圆满人生不仅限于个人的独立，还须追求关系的成功，维系人与人之间的情谊，最重要的不是技巧，而在于诚信。"现代的女子随着社会地位的逐渐提高，工作乃至创业的机会都在与日俱增，她们也在用自己的实力和独有的魅力向世界证明"谁说女子不如男"。

在人际交往中，女子的闪光点会显得格外耀人。一个善于交际的女子一定会把功夫下在为自己树立"口碑"的工作上。女子的生理特点决定她们更富有人情味，男子的成功一般更注重于权力，而女子的成功则往往是通过交际联络取得的。人际关系就像是一张无形无色的大网，虽然每个人都身处其中，可是并没有人天生就会拥有它，所以，要想让自己立于"高手"之地就要不断地去学习和修正，一点一滴地进行累积，为自己树立良好的口碑，增加人际的吸引力。上司，对你信任有加，你的职场之路将走得更顺；同事，对你赞不绝口，你的力量就会强上更强；下级，对你尊重信赖，你的业绩就会更加的优秀；家人，对你爱意绵绵，你的后盾就会更为强劲……女人，请相信自己的力量，只要你有建立良好的人际关系的愿望，你就会左右逢源，得到众人的爱戴。

施乐曾被称为"即使在车轮面前仍能安心睡觉"的公司。短短评语让我们可以联想到该公司不可小窥的实力。可是就是这样的一家公司，也曾经有过"乱了手脚"的事件。2005 年 7 月 25 日，全球著名的施乐公司宣布，该公司今年第二季度亏损达到 2.81 亿美元。不仅如此，施乐公司在此做出表示，由于全球经济发展放缓，美国经济出现了下滑的趋势，公司在第四季度之前极有可能都处于"不盈利"的状态。这一重大信息一出，投资者纷纷对施乐公司持怀疑态度，甚至失去信心，继而大量将手中持有的施乐公司股票尽数抛售。这种情况对于施乐公司来讲简直是当头一棒，股价像是脱了缰的野马，从上百美元一路跌到 7 美元。施乐公司再也无法"安睡"，董事会迅速作出决定，7 月 26 日，仅仅过了一天，原公司首席运营官安尼·玛尔卡被任命为公司的 CEO。就在新的公布实施后，奇迹出现了，施乐的股票开盘就涨到了 8.05 美元，涨了 46 美分，涨幅约 6%。

这是碰巧之事吗？绝对不是。安尼·玛尔卡是从施乐公司的一名普通的销售人员做起的。在施乐工作的若干年里，她良好的处世风格，坚韧的性格都是公司人士有目共睹的。从销售人员到部门经理，再到地区经理、总裁等，直至今天的CEO。公司高级领导人曾经称赞她："一个公认的、富有领袖才能、高效率的管理者。"安尼·玛尔卡一路走来，一直在用自己的实际行动不断地壮大着自己的人格魅力，口碑自在人心。也正是安尼·玛尔卡在以往工作和处世中所表现出的坚韧的性格，使她赢得了众人的信任和认可。当她被施乐公司任命为掌舵人之后，本来一直处在下坡路上的公司股票居然起死回生。

在生活中也是一样，我们常羡慕那些受人尊敬和喜爱的女人，觉得她们总是上天的宠儿，拥有特殊的眷顾，好像一切不顺利的事情到了她们的手里都变得顺畅起来。难道真的是别人就具有超能力吗？这个想法实属好笑，机遇和幸运从来都是一对孪生姐妹，总是并行存在的。有些女子成功了，只是因为她们都拥有一个共同的特点就是人际吸引力。这些女性，几乎都具备有亲和力、有礼貌、平易近人的特质，这些特点会使她们赢得别人的好感，在众人面前树立良好的口碑，从而帮助她们在人际关系中无往而不利。

## ◎ 用热情感染人，使人更好地接纳你

老人常说："没有人愿意用自己的热脸蛋去贴别人的冷屁股。"虽然，话听起来有些不入耳，但是正是因为它的通俗才更能一针见血地让我们去明白一个直白的道理——在人际交往中，要想使他人更好地

接纳你，你就要先热情地接纳别人。人是很复杂的动物，而以它作为主体形成的人际关系就更令人叹为观止。正因为我们有思想、有情感，所以神经也就越显得敏感。对于刚认识的人来讲，如果你眼神飘移不定，或是没有直视对方，就很可能会被对方认定为"你没有在意他"或是"你不重视他"；但是，如果你表现出自己的热情，就会让对方觉得你不仅接受了他，还对他产生了好感，这种情愫更有助于人际交往的良好运行。

"热情"不仅仅表现在态度上，它还具有一定的技巧性。如果女子可以多了解一些有关的知识并把它们灵活地运用到人际交往中，相信这些小秘籍一定会让你不再头痛于人际关系的错综复杂，反而会对你的工作、生活起到推波助澜的作用。首先，你一定要学会记住别人的姓或名，主动与人打招呼。给人以"尊称"似乎已经成为人际交往中不可缺少的一项内容。试想，如果你连别人的姓氏都叫不出来，即使是态度上表现得再热情，仍然会让对方感到不受重视，甚至有了觉得你很虚伪的感觉。其次，无论对方的地位如何，比你高上许多、平级或是比你低上许多，女子都要表现得大方、坦然自若。这种行为会让处于高级别的人觉得你没有阿谀奉承之态，相同级别的人觉得你平易近人更可交为朋友，低级别的人觉得你不要高姿态，让人感到轻松、自在，激发交往的动机。再次，女子要注重自己的言行举止，待人要和气，幽默而不失分寸，风趣而不显轻浮，给人以美的享受。最后，女子要处世果断、富有主见。因为热情是心理表态的一种方法，简单地说就是把复杂的内心想法通过明了的方式让对方去认知，从而做出是否去接纳你的抉择。女子具备了这种良好的品质，自然会更容易激发出别人与你交往的动机，如果顺利地得到了别人的认可和信任，那么热情的目的自然水到渠成。

女子是感情这把尺子最好的测量者，要想让一个人去接纳你，起初无论他是敌对的还是不亲近的，你都可以不要介意，让对方感觉到你的真诚，在不知不觉中热情的因子就会感染到他人，水到自然渠成。

## ◎ 多个朋友多条路，少个冤家少堵墙

"朋友多了路好走"，多一个冤家不如多一个朋友，人际交往说白了就是一个关系垒一个关系，这就像是搭积木，要想搭得又高又好，就要注重每一个细节。再者说"明枪易躲，暗箭难防"，如果你觉得小人物得不得罪无所谓的话，那么你就大错特错了，也许他就会成为让你功亏一篑的关键人物。在人际交往中，女子要想找到自己的定位是一件不易之事。太热情了，好听点的说你是攀关系，难听些的说你是傍大树；要是表现得冷淡，好听点的说你是冰山美人，难听些的说你态度不好。看来只有不愠不火，保持一个度才会成就自己在社交场上一展风采的希望。那么这个所谓的"度"要如何把握呢？首先要从人性出发，在这个世界上，每个人都有被尊重、被需要、被关心和被爱的欲望，想要在人际关系中一路顺畅，我们只要满足人们在交际中的一些需要就容易得多了。

### 1.低调的女子最聪慧
生活中、工作中我们难免会遇到这样那样的纠纷。比如说与同事

之间产生了一些小矛盾，那也是很正常的。产生矛盾不要紧，重要的是如何正确地对待这些问题。无论事情让你多么地愤怒，请你冷静、冷静，再冷静，尽量不要让你们之间的矛盾公开激化。无论你占有多大的理，也不要表现出盛气凌人的样子，女子有时候表现出"弱"的一面，会更见奇效。得理不饶人的举动，最终往往会让自己陷入被动的局面，不仅其他人不会和你站在一起，也会让你的对阵之人表面服输，但是却怀恨在心。即便是他没有怀恨，在今后的工作和生活中也会对你敬而远之，那样的话，你职业生涯的黑名单上就这样又添一员"敌将"。这又是何苦呢？

**2.得道者多助，失道者寡助**

一个成功的领导肯定是受下属拥戴的；一个有成就的演员肯定是有无数人喜爱的；一个优秀的教师肯定是获得学生的支持与拥护的……这些来源于什么？人缘儿。一个人的朋友越多，群众基础越好，他的能量就越大，这是毋庸置疑的。

**3.多想想，化干戈为玉帛**

当别人抓着你的错误"咬"住不放的时候，在你恼怒之前，告诉自己平静下来，把这种指责当作是他对你的关心，因为争论并不是目的，解决问题才是当务之急；当别人话中带刺，句句带有玄机之时，生气之前，你要想想引发事件的真正原因，找其源头，对症下药；当别人总是"针对"你的时候，你要先从自身下手，不妨把话放在台面上，问一问他："我不知道发生了什么事，是否可以告诉我是什么问题。""我知道你对我似乎有些不满，我认为我们有必要把话说清楚。"有些事情并没有想象的那么复杂，凭空猜测只会让彼此的误会越来越深，谈开了也许就是好事一件也说不定。

人心比人心，你做的一切都不是白搭的，只要用心去做，自会传达到对方的眼里、心里，冤家变友人绝非难事。

## ◎ 投桃报李，是一种温情的互动

古人就有"投之以桃，报之以李"之说，也就是说，你从别人那里得了恩惠，反过来自己也应该给予别人报答，现代社会同样适用。女子不要耍弄小聪明，如果在小事情上占了便宜而沾沾自喜的话，你就要小心了，谁都不会是傻瓜，即使别人一时没有反应过来，总会有真相大白的时候。这就是互惠互利的根本所在，也是建立良好人际关系的前提条件。

在日常生活中得到他人的关照，给予下属的关心等都应该属于"互惠互利"这个范畴。比如，同事今天抽出了自己的私人时间帮助你处理好了工作上的事务，那么，你出于感激下了班之后请他吃饭。这类事情，也都是互惠互利的具体表现。

宋莹是公司里出了名的交际能手，无论是什么重要的大项目老板只要交给她都会放一百个心。公司新进了一个助理，每日跟在宋莹的身边帮助她处理日常工作。一开始的时候，助理就发现宋莹有一个很特别的地方，好像时刻都在为别人办事，只要和她有过工作接触并且熟悉的人就会得到她的"好处"。说好处吧，又不见得是什么很贵重的实物，但是不称为"好处"吧，还真是找不到其他的词汇来形容。比

如说，上个月王老板在和她合作的时候曾无意地提到过总是找不到让他满意的材料供应商，没想到，宋莹就把他的这句话记在了心上。这次去南方考察，恰好合作者中有一位很可靠且实力很强的供应商，她就很自然地想到了王老板，于是给他们牵上了线。一个买方，一个卖方，一个可心了，一个舒心了，宋莹也自然成了他们所要感谢的人。还有一件事情，公司曾与一个大客户做过一笔木材交易，宋莹是公司的全权代表，在木材交付的前一周，突降大雨，虽然大部分的木材由于抢救及时都没有遭受损失，但是仍有一些被淋到且没有做出措施从而有了严重的发霉情况。在交货的前一天，保管员来向她传达了这一信息，宋莹看后，当即表示这一部分要采取降价或排除处理。这时，保管员建议，发霉的木材不太多，只要将这一部分在装车的时候分开装，混合在好木材中是可以混过关的，而且就算是买方发现了，只要坚持称这是在运输的过程中不可避免的情况，不给予退换，买方也是没有办法的。宋莹听后，笑了笑说："你的办法很好啊，但是你难道不明白吗，我们的公司是要发展的，并不是今天有明天无的皮包公司。是，这种方法我们这次不会有一丁点儿的损失，但是实质上呢？我们损失大了。交际场包括生意场是要讲究互惠互利的，今天我们如果占了小便宜，对方也一定知道自己吃了亏，下次合作就不会这么痛快了，即使有合作，也避免不了他们想办法把今天吃的亏在明天找回来，懂了吗？"

每个人的心里都有一杆秤，嘴上不说不代表心里不知。互惠互利是建立良好人际关系不可缺少的精神，如果能具有"为对方做些什么呢？"这种关照对方的精神，那你一定会获得良好的人际关系，你的事业也一定会蒸蒸日上。

## ◎ 先肯定他人，自然能得到他人的肯定

张口就"否定"的女子一定不会得到别人的喜爱，无论是在公司还是在家里，别人都会把这种不愉快记在心上。这一切并不是因为别人的心胸不够宽广，也不一定是因为你所传达的信息是错误的，只是源于你在处理事情的方法上显得不近人意。比如说，公司的一个同事刚刚订好了去夏威夷的机票，准备结婚度蜜月，这时你却说："听说最近有一位旅游者在夏威夷被人强奸了。"也许你是完全没有恶意地提醒朋友要注意安全，可是结果呢？你意识到自己的错误了吗？这种女子属于"事件否定型"。也许同事没有订夏威夷的机票，而订了其他地方的，这种女子也总会找到一些不动听的新闻事件。并不是她本身有多么的"罪恶"，只是这已经成为她的一种习惯。如果，你也是这个队伍中的一员，请你记住，没人喜欢一个专会带来坏消息的家伙。

肯定别人也是一种美德，用在事业上，它会帮助你交到更多诚实守信的合作伙伴，用在生活中也会使自己的幸福指数直线上升。

又是周末了，婷婷和老公都迎来了他们共同的休息日。闲来无事，两个人下起五子棋，第一盘，婷婷赢了，老公马上失去了再玩的欲望，他觉得一个大男人输了很没有面子，就说她欺负他。婷婷一笑，缠着老公要再下几盘，三盘下来，婷婷次次都赢。老公彻底失去了兴趣，于是借口到厨房打果汁跑开了。婷婷偷偷一笑，深知老公的纠结所在，于是自己也跟着跑进了厨房。看着老公忙活着，婷婷在一旁就径自地

说起来："老公，要不然咱们一会儿一边喝果汁一边下象棋吧？好吗？"然后，自己特意地在他身边小声嘀咕，说是自己恐怕是连棋子都不会摆，肯定要遭人笑话了。然后，婷婷偷偷地瞄了一眼老公。老公听了此话，又看见她可爱的样子，终于忍不住笑着说："那不是变成我欺负你了嘛，我可不忍心啊！"两人你一句，我一句地说笑着。婷婷闹了一会儿，就回到房间里去看她忠于的"快乐大本营"了，老公随后端着制好的果汁也进来了，虽然，他永远不懂电视里的人都在笑些什么，可是只要她高兴，他还是愿意陪在她身边的。这时，老公忽然说："老婆，你的五子棋下得真不错，比我好多了。"婷婷一听，美极了，随口说："我也就五子棋能下过你吧，你的象棋下得最棒，我还真得学学。"老公哈哈大笑起来。

生活就是这样的简单，快乐就是这样来得很容易。你肯定了对方，也就肯定了你自己。生活，才会波澜不惊，才会更加融洽。在爱情中，在某些方面，"争"是个不需要存在的名词，你赢了又能怎样？你赢了对方，其实也许会输得更惨。小孩子更是一样，你夸奖赞美他，他往往会表现得更好。在工作中，虽然严肃了一些，可是给予别人必要的肯定也是百利而无一害的，不仅会让别人做事更具动力，也会在无形中大大地提升了自我的人气。做一个人见人爱的女子，难道你不想吗？培养自己的豁达，人都有一个通病就是习惯用挑剔的眼光看待他人，除了亲人之外，人与人之间通常首先看到的是别人的短处和不足。实际上，真正的和谐与融洽来自感同身受的理解，来自一种善意的态度，来自一颗同情心。抛去"外人"这个碍眼的外衣，拿出父母看待自己孩子的那种宽容的、充满爱的态度，你就会发现别人的身上有很多值得我们去肯定和学习的地方。

在人际交往中学会"肯定"他人，不仅会让他人的长处得以积极地发挥，而且也是对自己内心品质的修炼。一个见不得别人比自己优秀的女子总是讨人厌的，即使你很优秀，可是山外有山，人外有人，再强的女子也不可能没有缺点，没有不如他人之处。聪明的女子善用他人的优点来弥补自身的不足，只有这样追求尽善尽美才不会永远只是个梦。让我们做一个有爱心的人，首先肯定别人，然后也会逐渐得到别人的肯定。这才是人际交往的最高境界。

## ◎ 有礼有节，你的人气才旺

再美的花苗如果离开了阳光、水和空气，也无法生存。每一个人融入到社会中，摆在人际这张网上就自然会变得渺小起来。这就好比是绿叶上的一颗露珠，本身很小，但是，只要它懂得为人处世之道，在太阳升起的时候，它依然可以折射着太阳的光芒，诠释着自己的美丽。女子就好像是这美丽的花苗，就仿佛是这晶莹的露珠，能不能在人际交往中成其气候就要看自己的本事了。

与人交往，"礼"字当前。中国自古以来就是礼仪之邦，有礼之人常会让人奉为上宾，无礼之人被拒之门外似乎也是合情合理。"怜香惜玉"那只是一个梦境中的词汇，职场上你以为只要楚楚可怜就可以百事通顺吗？别闹了，没人会吃这套的。最好的方法之一就是学习一些必要的礼节，如果面对任何场合你都能做到心中有数，社会心理承受力自会有所加强。

第一，不要信口开河。女人爱八卦，爱唠家长里短，这是大"病"。成大事之人必是言行谨慎之辈。嘴上痛快了就像是服了慢性毒药，起初是没什么反应的，可是"毒"是迟早要发作的。长远地说，失去了别人的信任，就失去了最大的资本。

第二，别做"毒妇人"。口下留德，阻止了别人的冲动，也让自己的高风格亮相。当对方脾气一触即发时，要么临时回避，使对方找不到发泄对象，并逐步消火。这个时候没人会说你是"缩头乌龟"，特别是面对重大事件的时候，激烈的争吵往往会使双方两败俱伤，要么人品受损，要么利益遭殃，回避并不等于"妥协"，而是给对方冷静思考的机会，同时也证明了自身的修养。

第三，不留"隔夜仇"。双方有了矛盾要趁早解决，以免在今后的人际交往中碰到不必要的麻烦，女子如果遇到脾气"倔"的对手，不妨"软"一下，给对方找个台阶下，就当是"不打不相识"，多个朋友总比多个仇人要好得多。

第四，控制自己的"火气"。总是暴跳如雷的女子是不大招人喜爱的，伤了和气不说，自己还伤肝伤脾，这又是何苦呢？所以，遇事要冷静思考，学会"换位"思想，站在对方的角度考虑考虑。

第五，开玩笑要讲究"度"。俗话说"宰相肚里能撑船"。可是你要知道，宰相毕竟是少之又少，无伤大雅的玩笑可以增进彼此的感情，可是过分的玩笑则是破坏友情的最具有伤杀力的武器。开玩笑要适可而止，因人而定，对性格开朗、大度的人，稍多一点玩笑，可以使气氛更加活跃；对拘谨的人，则少开甚至是不开玩笑为妙；对于有缺陷或明显缺点的人，不要抓着别人的把柄开玩笑；对于尊长、领导，开玩笑要找好自己的位置，千万不可跨越应有的尺度，否则，你的下场一定会变得很难堪。

总而言之，女子要想让自己拥有好的人缘，就要在为人处世细节上多加注意。所谓"礼多人不怪"，在下意识里人们总会把修养和礼节挂钩，所以无论是面对你的老朋友还是新朋友，适当的礼节都是不可省略的重要步骤，特别是在严肃场合，比如公司、宴会等，礼节就成为了一道大餐，做得好不好看，美不美味，招不招人喜爱，就要看你自己的本领了。

## ◎ 一定要保守朋友的秘密

每个人都有自己的雷区，心理敏感的点是不允许任何人去碰触的。出于人情来讲，朋友信任你，把秘密告诉了你，无论别人如何去谈论，你就要成为这个秘密的终结者，这不仅是对友情的考验也是在为良好的人际交往做铺垫；同事与你闲谈的时候，不小心说漏了嘴，透露了自己的秘密被你听到了，聪明的女子就会缄口不言，甚至做出没有听到的样子，让同事不会对你多了防备之心。曾经看过一个小品类的节目，其中一个人问另一个人"1 加上 1 等于多少？"另一个回答说："等于 2。"接着这个人又问："那么 2 加上 2 等于多少？"另一个人想也没想就回答说："等于 4。"于是，这个人做势地掏出"枪"要把另一个人给"毙"了。另一个人不明缘由，问："为什么要用枪打我？"

这个人举着自己手里的枪道："因为，你知道得太多了。"在我们哈哈一笑的同时，不知你是否意识到什么？秘密如果人人都可以说，都可以去传，它也就称不上是秘密了，既然当事人想要隐去它，就说明那可能是他潜在的伤疤，他也许费了几年甚至几十年的工夫去将它淡忘，你可能只需短短的一分钟就把他的这些努力化为乌有了。当你的好友或感情还不错的同事将自己的秘密向你和盘托出后，不久却从别人的口中听到了自己的秘密被公开曝光，不用说，他肯定认为是你出卖了他。被出卖的人定会在心里不止千遍万遍地骂你，诅咒你，这个时候什么友谊、什么多年的情谊，一切将不复存在。天下没有后悔药可吃，你失去的不仅仅是一个友人，还有那些旁观者以及知情人的信任。也许某一个角落里，其他人在说："千万不要信任像他这样的人，否则我们的结果会更惨。"一招棋错，满盘皆输。不要随意泄露他人的秘密是巩固人际关系的基本要求，如果你连这一点都做不好，恐怕没有哪个人再敢和你推心置腹了。

梨梨和桃子是同一个寝室的好友，几年的同吃同住让两人的友谊与日俱增。可是，梨梨做梦都没有想到这么"铁"的关系竟然毁在了自己的一张嘴上。桃子身材高挑，特别有男人缘，可是也正是因为这一点她爱上了一个有妇之夫，并且把自己宝贵的第一次也奉献了出去。可是真诚的爱却没有换得好结果，当这个男人知道桃子有了身孕之后竟然消失得无影无踪了。桃子伤透了心，她不敢对别人说，但是孩子又不能留，于是她把这件事情告诉了自己最好的朋友梨梨。梨梨听了气得全身发抖，看着好友哭得像个泪人儿一样，心里像刀割一样难受。梨梨陪着桃子去了医院，并且精心照料她的一切事情。这段友谊看似多么让人感动，可是谁能料到一年之后却发生了天翻地覆的变化。梨梨和桃子都毕业了，两人在外地一起租了房共同生活。桃子的漂亮仍然还是人们目光的焦点，一年前的那段往事好似已经随风逝去，而梨梨却始终不能迎来自己的爱情。可能是出于忌妒，可能是觉得自己受了朋友的冷落，两人的矛盾愈演愈烈，忽然有一天桃子带着一个男人回来，并且对她说："梨梨，我可能不能和你住在一起了，我有了男朋友。"梨梨眼睛睁得老大："有了男朋友就要住在一起吗？"桃子没有说话，默认了。梨梨一下子爆发了，仿佛为了发泄心中的恶气，头脑一下子冲动了，脱口大喊："你都堕了一次胎了，难道还不够吗?!"此话一说，梨梨马上意识到了自己的错误，可是已经来不及了，她看到了桃子那张苍白的脸……

老人有句话说："不该说的不要说，不该听的不要听，不该做的不要做！"想想真是有道理。既然不可避免地知道了别人的秘密，在没有特殊的情况下你要做的就是"守住"。不要让自己的冲动把"不能说的秘密"演变成了"非说不可的秘密"。这种做法不仅不利于你的人际交往，更甚者，不仅伤害了别人，也使自己终生悔恨。

泄密一说无论大小，情节轻重都会让自己的人际关系处于被动，人际交往遭到阻碍，个人形象受到影响，相信这些都不是你想要得到的，所以，聪明女子，给嘴上安个"门"，再上道"锁"，是十分有必要的。

## ◎ 对于一些小事不必太过计较

在社会这个大家庭中每个人都有自己的定位，我们每天都会面对不同身份，不同辈分的人，比如说，师长、上司、同事、朋友，等等。如果你有一个执拗的性子，那么在人际交往中肯定是要处处碰壁的，即使你手中拿的是"真理"，它也会被你的性子埋没，很难有水落石出的一天。所以，人要学会变通，要学会分场合，分人来行事。特别是女子，交际场往往是你展示才情和圆滑的好地方，做一件聪明且漂亮的事会给自己加分不少。现代社会是一个强调女子知性美的时代，亦庄亦谐，会看火候是人际交往的重中之重。

在某著名酒店里曾经发生过这样一件事情：一位外宾在就餐过后，顺手就把一个精美的景泰蓝食筷悄悄插入自己的西装内衣口袋里。这一动作被一旁的服务员小姐尽收眼底。虽然这类事件在酒店中是被明令禁止的，可是如果当面揭穿的话不仅会让外宾下不来台，而且也许还会引发不必要的矛盾与争执。所以，这位服务员小姐并没出言直接拆穿那位外宾的行为，而是双手擎着装有一双景泰蓝食筷的绸面小匣子来到外宾面前说："我发现先生在用餐时，对我国景泰蓝食筷颇有爱不释手之意。非常感谢你对这种精细工艺品的赏识。为了表达我们的感激之情，经餐厅主管批准，我代表中国大酒家，将这双图案最为精美并且经严格消毒处理的景泰蓝食筷送给你，并按照大酒家的'优惠价格'记在你的账簿上，你看好吗？"此话一出，外宾自然知道自己的行为已经被别人看到，在表示感谢之后也就顺着服务员小姐给搭的台阶而下，掏出了装在内衣口袋中的筷子，称自己多喝了几杯，头脑有些不清，所以把筷子收入口袋了，既然酒店有此美意，自当"以旧换新"。而后，这位外宾不失风度地去结账了。

难得糊涂，"水至清则无鱼"这个道理不言自明。要知道不是任何事情都必须像数数一样"1、2、3、4……"一个都不能落，一个都不能少。在人际交往中，有时候偶尔地"糊涂"一下就是在给自己播下一枚良性的种子，不知道什么时候，这粒种子就会给你带来意想不到的收获。

在春秋时期，楚国刚刚经历了一场全胜的大战，为了哀悼逝者，振奋生者，楚庄王特别设宴带领众将开怀畅饮。酒过三巡，菜过五味，楚庄王喝得起了劲儿，豪情高涨，特令当时他最宠爱的许姬上殿献舞。歌声渺渺，美人妖娆，略有些醉意的将士们看得如痴如醉。正在这时，忽然厅外电闪雷鸣，一阵狂风拂来扫灭了大厅所有的灯烛，届时漆黑一片。许姬忽然感到一双大手紧紧地搂住了自己的纤腰，欲要一亲芳泽。许姬大惊，奋力挣扎，毕竟男女力量悬殊，在拉扯之间这个男子扯掉了许姬的一只衣袖。而许姬却也顺势拔掉了他头盔上的帽缨。再后来，执灯者进厅，男子自动隐去，许姬立即跑到楚庄王面前哭诉："请大王为奴家做主，酒席宴上有一狂徒趁烛灭灯息之中，欲非礼奴家，现有盔缨为证，请大王燃烛辨案为奴家一雪蒙羞之耻。"听后，楚庄王对执灯者说："先莫点灯，今天我是设宴款待有功的将士们从战场上大胜归来，众臣子将帅难免有酒后失德之举。这样说来，本王也是难逃其责的，许姬，你就看在我的面子上，别把这件事放在心上了。"许姬听罢，也为之动容，更觉自己没有理由拒绝大王的宽慰，点头应允了。于是楚庄王下令在点灯之前让所有的文臣除冠，武将绝缨，歌舞筵宴一往如前，许姬之事不许再提，违令者斩！

事情好像是完结了，可是这粒善意的种子却早已经悄悄地生根发芽。几年后，楚国与郑国大战，楚庄王更是大获全胜，偏将唐狡一马当先掠营夺寨立下头功。楚庄王邀唐狡受奖，谁知当唐狡见到楚庄王后竟然跪拜在地，含着泪说："罪将就是当初被许姬扯掉盔缨之人啊，当年大王不仅没有治罪于我，还给罪将保足了面子，小人当以死报效大王，怎敢论功得赏啊。"

看吧，必要的时候糊涂一下，也许就是在为自己种下福音。爱"较真儿"仿佛是大多女子的通病，它也往往是你社交场上的绊脚石。当然，我们不能要求人人都有宰相的胸怀，可是最起码要懂得一个道理，为正确的人铺路，也是在为自己将来欲盖的高楼大厦打下地基。慢慢地体会吧，这也是一种人生智慧。

# 第二章
## 秀慧女人能够掌握社交主动权

在人际交往中，谁拥有灵巧之心，洞悉之眼，谁就可能赢得先机，加大胜算的概率。虽然你不可能一下拥有神奇的读心术，但是要想去了解一个人的心理活动还是有迹可寻的，只要用心去体会，你就一定会在人际交往中崭露头角并取得成功。

## ◎ 对不同的人就要不同的对待

这里讲的"研究"并不是主张你张家长李家短的，掏人家隐私惹人厌烦。此"研究"非彼"研究"。洞察别人的心理状态是社交能力重要的一环。人际交往也是需要有极高悟性的，如在你看到别人的行为时，却不尝试去了解对方做事时的处境和感受，便马上从别人的行为去判断对方是一个怎样的人。这种重判断而轻了解的取向，是社交能力发展的一大障碍。世界上没有两个人是完全相同的，所以，不同的人要采取不同的对待方法。通俗来说，就像是一个人养了一只老虎和一只羊，对待老虎是要喂肉的，对待羊是要喂草的。如果你不信这个邪偏要喂老虎吃草，喂羊吃肉，那么结果一定是这两种动物都会被活活地饿死，其结局就是你既失去了老虎又没了羊，两手空空，一无所得。

女子较男子来讲更容易感情用事，先入为主。这一点简直可以说是女子成就大事的致命弱点。这就好像是女子在谈恋爱的时候常常晕了头脑，当她认为真爱来临的时候原本的智慧就好像吃了毒药一下消失殆尽了，认为眼前的人一切都是最完美的。他很丑，你觉得这是才华横溢的必然；他脾气很坏，你觉得那是男子气概。当好朋友向你说他为人很差劲，品质有问题的时候，你甚至会质疑朋友忌妒你的幸福……如果女子在人际交往中也抱着这种态度去看待别人的话，那么失败是必然之事。善于交际的女子往往并不急于去判断别人的性格和道德水平。反之，她们会较留心于一些可变的因素和行为的关系。比如，她们会较留心环境因素的改变，如何影响一个人的心理状态，而心理状态的改变，又如何影响一个人的行为。如果她们在看到别人做了一件事情后，便马上先大倾向地评价这行为是好还是坏。那么，这种对行为本身的过于专注的评估，就较容易使她们忽略行为本身发生的背景和行事者的心理状态，从而错失良机。研究好形形色色的人，探其根本才可出奇制胜。

**1.内方外方之人**

这一类是指那些为人耿直、做事有棱有角的人，他们往往处世非常地认真，而且别指望着他们为你开开小后门，他们就是那种没有"文件"规定，就算是天王老子都得按章办事的人。这类人敢作敢当，秉公处事，绝不会为了一己私利让公家损失一粒粮食。

在面对这类人的时候，诚实和守法的作风才会让他们高看你一眼；

投机取巧，想方设法地走后门必会遭受到他们的唾弃。

### 2.内方外圆之人

这一类是指那些较内方外方之人更添了一分心计的人。在面对直来直去可能会给别人造成伤害的时候，有棱有角会使自己陷入难堪境地的时候，当方方正正不能达到满意效果的时候，他们就会采取圆滑变通的策略。比如说，面对正确的事，面对应该义无反顾地坚持的事，由于外在阻力过大，如果坚持势必会导致失败的时候，他们就会暂时偃旗息鼓，装聋作哑地观其事态的变化。

在面对这类人的时候，要有礼且有理。你要知道内方外圆的人虽然表面一副没有大风大浪的样子，但是内心却是厌恶粗鲁、仇视邪恶的。所以，女子如果想与这类人交往，就要表现出你的积极、健康、向上的交往心态。交往的过程中要讲究分寸，不要因为他们的脸上始终挂着微笑就觉得他们是认可你了，从而得寸进尺，忘乎所以。请你清醒一些，这类人就算是对面坐的是他的杀父仇人，他的微笑看起来也会一样的安详。

### 3.内圆外圆之人

这一类是指那些更偏重于个人私利的人。他们是见风使舵的能手，为了个人利益，他们可以放弃一切可用之物。该低的头就低，该烧的香就烧，该拉的关系就拉，该糊涂的事就糊涂，该下手时就下手，是他们的行事风格。我们常说的"老狐狸"就是指这些老油条。这类人好脸面，好排场。比如说，自己肚子里墨水不多却又偏偏喜欢听人夸他学识好，有文采。他们遇到好事、露脸的事、有利的事，就去抢；遇到坏事、无名的事、无利的事，就去推，一副小人嘴脸。

在面对这类人的时候，不要采用以"圆"治"圆"的方法，相反，办起事来要有板有眼。因为，对于道德没有底限的人，千万不要信任他冠冕堂皇的场面话，他表面说得漂亮，背地里却很可能做出损人利己的事情。所以，不要因为爱面子而使谈的关键工作含糊其辞地过去了，而是要当机立断，一切按规矩来办。逼着他拿出那少得可怜的信用。这类人只有用这种方法对待，才会使他们在正确的交际轨道上行驶。

### 4.内圆外方之人

这一类是指那些表面冠冕堂皇，但是实际上肠子里却装的是一些见不得光的鸡鸣狗盗之事的人。他们表面上道貌岸然，一副正人君子的模样，背地里却是什么损事、坏事全部埋单。说白了就是"金玉其外，败絮其中"的鼠辈。

在面对这类人的时候，招呼和寒暄是必不可少的。由于他们表里不一，所以与他们交往的时候就要更加地注重灵活变通。与他们谈工作的时候，听还是要听的，还要装作十分认真地听，但是其内容是不可全信的，不要让这类人的表面言辞蒙住了双眼，要留心观察，洞悉他们真正的想法，找到突破点，对症下药，方可取得良效。

人际交往就像是你伸着手在一潭浑水中捞金子一样，你看不到自己要捞的东西在哪儿，只能通过自己的细心摸索以及经验、悟性来寻得真金，请多多努力吧，相信你一定会成为社交场上的明日之星。

## ◎ 通过旁敲侧击，知道你想知道的

识人难，事物的表面现象相似但实质不同，是很容易迷惑人的。我们不是火眼金睛的孙悟空，不能把妖孽看个透彻，我们也赶不上肉眼凡胎的唐僧，至少他的身边还跟着孙猴子这样的能人，即使自己不能分辨，还有别人代劳。所以，在社交场上为自己练就一身识人的"硬"功夫是十分有必要的。倘若你想明白对方属于什么类型的人，要用什么方法去对待，就看你的本领了。

还记得热播剧《奋斗》中的大男孩向南吗？剧中有这样一个情节，向南借出差谈公事之便和陆涛、小灵仙儿一起旅游。但是工作进展却遭遇了阻碍，对方公司的老板就是不肯把欠款还给他们。向南的头大极了，因为如果款项没有被追回的话就意味着他的出差费用不能全报，开销有一部分要自己掏腰包。除此之外，提成、奖励更不用提了，全都泡了汤。这时，陆涛为他支了一招，问他这个老板有没有特殊的喜好，有没有什么想办却始终无法办的事情。向南略一想，倒是真有一件，就是这个老板的儿子一直想去美国可是一直去不成。虽说是这么回事，可是向南依然丧气，因为这样的事哪里是他一个小小的业务员能办的呀？还是陆涛有办法，他提醒向南："你们公司不是有两个技术人员要到美国工厂去考察吗？你问问公司能不能把人员加到三个，这些事情不就都解决了吗？"向南的精神头一下子就上来了，赶忙去打电话。最后的结果就是事成了，欠款也要回了，一切圆满了。

每个人都有他的喜厌或是需求，当一件事情似乎走进了死角的时候，要从侧面多了解一下对方所有的信息，也许事情成功的突破口就隐藏在其中。当然，从侧面了解到对方的信息也是需要一些方法和技巧的，在这里就为大家介绍一些切实好用的。

**1.引导话题法**

既然涉及社交，那么交谈总是无可避免的。除了正式的商务商谈外，人们难免也会坐在一起喝杯咖啡，吃顿饭，寒暄一下，闲聊一下，这实际上就是你去了解对方信息的好时机。开始谈话前，首先看对方有何与自己相同之处。比如，你发现你和对方用的包是同一个品牌的，你就可以以此为出发点开始你们的谈话，比如说："你的包好像是××品牌的限量版吧？我的是去年的，你的好像是新款吧？"另外，以话探话的方式也是不错的开场白。可以根据对方的口音来打开话匣子，比如说"听你口音，是北京人吧？"等等。成功地引起话题之后便可渐渐地把话题引得稍深一些，比如说爱好等，这些都有助于你去从侧面了解对方的信息。但是，有两个话题最好不要被作为开场白，一旦触到钉子是十分尴尬的。一个是"结婚了吗？"另一个是"小孩多大了？"如果对方离了婚或是还没结婚，这种问法就会让对方产生反感；又或者这是别人的一大伤疤，被你这样不经意地揭开了，你想对方还会有兴趣再和你闲聊下去吗？除了这两点之外，像"你挣多少钱"这种问题也要避免，这会让你显得十分没有礼貌的。

**2.借助他人之口法**

如果有朋友和你要交往的人相识，你完全可以借朋友之口了解一下对方的性格、喜好或是为人，等等。这些信息都可以对你们的进一步交往起到辅助性的作用。"知己知彼，百战不殆"，多了解一些对方的情况，对自己是百益而无一害的。

当然，去获得对方信息的方法是多之又多，这两种只是常用之法，具体好不好用还要因人而异。社交场是一个多变的环境，死硬地追求条条框框是不会有什么大成就的，灵活多变才是制胜的法宝。

## ◎ 从容易忽视的细节看一个人

细节决定成败。反思之，细节也会让你洞悉他人想要给你传达的信息，或是他人想极力隐藏的性格缺点，一个人在不经意间显露的才是最真实的。以前听到过这样一件事，说是有一个女孩儿是从南方的农村走出来的，在上海待了六年，终于坐上了经理的位置。可是，她非常害怕别人挖出了自己的老底，所以一直谎称自己是上海人。这一天，另一个大公司的负责人趾高气扬地借了个理由来公司大闹一顿。这个女经理气极了，可是为了公司的利益一直忍着。后来，这个负责人越说越过分竟然大骂起来，终于，这个女经理忍无可忍，也激烈地反击起来。当女经理逞完了口舌之快后，才猛然发现周围太安静了，所有的职员都愣愣地看着她。原来，这个女经理在激动之时失去了理智，反击长达五分钟，居然全都用的是自己隐藏多年的家乡话。女经理可笑的隐藏动机暂放到一旁不提，这个事情体现了一个人在不经意间才可以展露真正的自我，那才是她生活的原型。女子在人际交往中，如果拿出女性特有的细腻之处，多注意别人在不经意间露出的细节点，必会给你带来丰厚的回报。

**1.口头语的秘密**

每个人都有口头语。口头语虽无实际的意义，却是在日常说话时逐渐形成的。其所以形成某一口头语，和一个人的性格有一定的关系。

（1）"说真的"，有这个口头语的人，有一种担心对方误解自己的心理，所以在说话时加说"说真的"，以表明自己的重视程度。说这种口头语的人，性格有些急躁，内心常有其他想法，故用"说真的"来表白。这一类型的口头语还有："老实说"、"的确"、"不骗你"。

（2）"应该"，这一类的人自信心极强，显得很理智，为人冷静。自认为能够将对方说服，令对方相信；另一方面，"应该"说得过多时，反映了有"动摇"的心理。这一类型的口头语还有："必须"、"必定会"、"一定要"。

（3）"听说"，这一类的人见识虽广，决断力却不够。明明是事实，如果是他人说的话，便会是"听说"。这一类型的口头语还有："据说"、"听人讲"。

（4）"可能是吧"，这一类的人自我防卫本领很强，不会将内心的想法完全暴露出来，在处世待人方面冷静。所以，工作和人事关系都不错。这一类型的口头语还有："或许是吧"、"大概是吧"，等等。

（5）"但是"，这一类的人有些任性，喜欢为自己辩解。这一类型的口头语还有："不过"等。

（6）"啊"、"呀"，这一类的人应是较迟钝的，也会有骄傲的性格。这一类型的口头语还有："这个、这个"，"嗯、嗯"。

**2.从喜欢谈及的话题来了解他人**

（1）喜欢谈论国家大事。属事业型的人，经常读书看报，讲求工作效率。

（2）喜欢谈论家庭琐事。属安乐型的人，较为关心生活安排，注重现实生活水平的提高。

（3）喜欢谈论社会现象、大众新闻。这种类型的人生活不很规则，办事粗枝大叶。

（4）喜欢谈论自然现象。这种类型的人生活有规律，办事严谨，注意事物的精确性。

（5）不光是自顾自地把着话题不放，而是希望讨论对方话题。这种类型的人一般都具有宽容的精神，谦虚讲礼仪或是深谙人际交往的技巧；或是走了另一个极端，属于具有较强支配欲和显示欲的人。

## ◎ 从眼神读对方的心思

一个人的行为举止是内心想法的传送工具。每个人都有自己的思想，几乎没有人能够把内心的全部信息毫无保留地和盘托出。无论对方的性格如何，在必要的环境中，在公司或私人利益面前想要去隐藏心中最直接的想法，也是很自然的事情。所以，你必须要知道，你所要面对的必然不是一个木头人，在你竭力地想去研究对方的同时，你怎么能确定他是不是也抱以同样的心态在研究你呢？

在人际交往中能够取得显著成绩的人必然是识人高手，他们的眼

睛就像磁力强大的吸铁石，只要进入了他们的控制范围，任何一个细小的铁屑都无法逃离。为什么会这样呢？难道真有攻心术不成？特异功能不是每个人都能具有的，那百亿分之一的概率根本不用去考虑。识人高手并不是具有特异功能，但是他们却一定有一颗细致入微的心。对于女子来说，由于生理特点异于男子，她们的心思更倾向于"细"，所以，要想学会、学通、学精识人术并非难事，只要把握好以下几点，那么你也就算是入门了。

**1.眼睛是心灵的窗口**

别忽略了人类的这扇心灵之窗。眼睛是会说话的，它很少会说谎，所以识人之时你一定要问一问这个"诚实的孩子"。初次见面时，先移开视线的人一般性格都较为主动；而目不转睛地注视对方谈话的人一般较为诚实。千万不要小看了这起初相见的十秒、二十秒，心理学家认为，在与人谈话的过程中，在视线接触的时候，往往先移开眼光的人就是胜利者。相反，因对方移开视线而耿耿于怀的人，就可能胡思乱想，以为对方嫌弃自己，或者与自己谈不来，这种想法的产生在无形中对对方的视线有了介意，而完全受对方的牵制了。所以，那些初次见面就不集中视线跟你谈话的人一般为挑战型对象，应特别小心应付。了解到这一点，女子在遇到此类事件时，一定要发挥其优势，克服产生不良心态的想法。

再一次提醒，人际交往是需要悟性的。一个人在表达自己的观点或想法的时候，不仅仅只有直白地说出这一种方式。比如说，当一个人在对异性瞄上一眼之后，闭上眼睛。这种行为就是无声之语，它所要传达的是一种"我相信你，不怕你"的意思。当看异性时，并不是把视线移开，而是闭上眼后，再翻眼望一望，如此反复，就是尊敬与信赖的表现。而另一种也特别有意思，如果一个人面对异性时，只是望上一眼，便故意移开视线。女人，你千万不要认为对方是不友好的，实情恰恰相反。一般情况下，这就是说明了对方对你有着强烈的兴趣。在交往活动中，通过观察人的视线方向，是可以透视人的心态的。

**2.下个"套"，揪出内心的"那点事儿"**

（1）以难试人，以利诱人。患难见真情，见着你倒了，你失利了，就逃之夭夭的人趁早要离得远远的。另外，见钱就眼开的人，你就别指望他做你的贴心朋友了。太信任这种人，也许哪天他把你卖了，你还在傻傻地帮人数钱呢。

（2）酒后吐真言。老人常说："人品好不好，先看酒品好不好。"有的人表面上道貌岸然，可是一旦上了酒桌，多喝了几杯就会完全变了模样，不但满口牢骚，还会猛说别人的坏话，一般说来，这是经常怀有不满的心态，甚至忌妒心强烈，有害人之心的人。这类人一般心眼都极小，你要远离他或是少惹为妙。

## ◎ 从服饰透视对方性格

现代社会，服饰往往可以十分准确地表现一个人的性格特点。这样讲绝不是信口开河。这是个讲究个性美的时代，种类繁多的服饰恰恰可以满足人们展示自我独一无二的心理需求。明星们在参加同一个活动的时候害怕"撞衫"；世界顶级的服装品牌总会搞"限量"这种把戏，就是抓住了人们的这一心理特点。在社交场上也是一样的，着装并不仅仅是一种颜色、一种样式的展现，也是着装人性格的"外穿"。性格往往就成了支持服装风格的"骨"，看衣识人这种本事真是不能不学的绝招。

### 1.从服饰颜色看透女人心

几乎每个人都有自己偏好的一种或是几种颜色。它们恰恰是展示一个人性情的标识，这些对女子尤为明显。与人交往几次过后，一般而言，通过她的着装我们就能大略地了解到此人对颜色的偏好了。喜欢鲜艳色调的人，一般都豁达、健康，或热情奔放，以自我为中心；喜欢穿浅色系的人，一般都高尚、纯粹，潜意识里带有些冷淡，给人间隔感，等等。美国心理学家研究发现，喜欢穿红色服装的女性被认为是具有丰盛欲望的年轻型，这类人经常觉得不满足，富有冒险向上的精神，喜欢潮流元素，追随时尚，但其变幻无常的性格常常令人捉摸不透；喜欢绿色的女性则常常喜欢安于现状，举动稳重并很尽力，但惧怕冒险和超前，性格内向且常常压制自己的愿望，在感情方面羞于主动。另外，喜欢白色的人常让人有只可远观但不可亲近之感；喜欢紫色的人感情也许会比较浪漫；爱好黄色的人内心天真烂漫；喜欢蓝色的人恳切诚挚，富有空想……当然，对于个人对颜色的喜爱分类只不过是趋于大多数，不可一概而论。但是如果知道了这些，对于去了解一个人的性格特点是十分有利的。

### 2.从职场着装看女子

有人说过工作中的女子有一种别样美。此话不假，不仅如此，工作中的女子所偏好的职业装风格也会显示出她们的性格。喜欢穿男性化服饰的女子一般性格较为独立且或多或少地浮现出一些比较男性化的心理。比如说，她们希望让人们见到自己的实力，把女性的特点暂放一边，没有男和女之分，只有输和赢之别。但是这类女性也包括这样一些人，她们如果除去工作的"外衣"就会仿佛放下了所有的束缚，行动举止变得很女性化。另外，选择与男性西装一样的职业装的女子，往往对工作充满热忱、上进心很强，自己拿主意和与别人竞争的意识都很强烈，但是没有和谐性，轻易与人冲突；喜欢穿裙装的女性意识强烈，她们会把自己视为女性来投入工作，这类人会积极地运用女性的特质，她们的内心活动丰富，往往心思缜密与外表浮现的大不相同，可以算做潜意识很有男性化特质的人。

值得一提的是，女子往往为感性动物，她们在挑选穿哪件衣服的时候与心境有很大的关联。她们天天换衣服，今天心情怎样从她们的身上"衣"就可轻易看出。

### 3.从鞋子看透男人的性格

由于男子在选择衣服的时候，颜色往往会很受限制，不像女子那样可以穿任何她们喜欢的色彩。所以，以颜色辨性格对于他们来说不太适用。但是，却也不是无孔可入，鞋子就是很好的入眼点。

爱穿正统黑皮鞋的男人多是大男子主义者。这类人对待穿鞋子方面总是显得中规中矩的，鞋子擦得很亮，他们绝对不会容忍自己穿双脏鞋子或旧鞋子出门。如果在休闲的时候都选择这类鞋子的人你就一定要小心了，他肯定有不折不扣的大男子主义倾向，而且对母亲的意见十分看重。如果要选择这样的人作为恋爱对象，你要慎重再慎重。

爱穿休闲鞋的男人重品位。这类人对鞋子要求很高，不但要舒适，而且更注重鞋子的款式，还要搭配合适的服装。他们注重于生活的质量，并且做事情喜欢站在高处掌握着主动权。不仅如此，他们往往对自己要求严格，几乎不允许自己犯错，对伴侣、下属更为挑剔。所以，如果遇到这种类型的恋人或是上司，一定要多加注意。

除此之外，重复购买固定式样鞋子的男人很怀旧；节俭穿鞋的男人很保守；随便穿鞋的男人不拘小节，眼高手低，等等。女子在社交中应多加留意，它们可以帮助你了解对方的性格特点，为后续的交往做好铺垫。

## ◎ 你该如何掌握谈话主动权

社交离不开沟通，有的女子有知识、有文化，口才也不错，可是与人谈话的时候却好像有劲儿使不出来一样，明明一肚子的话，却总是找不到开口的机会。这种情况往往就会让自己陷入被动甚至尴尬的情形中。那么，女子究竟要如何做才能摆脱这种状态，在谈话中掌握多一些主动权呢？

### 1.快语连珠，问题攻势

由于受传统观念的影响，女子往往会在气势上要比男子逊色许多，所以，如果要想给自己长"势"就要在技巧上作些文章。问问题就是一个很好的方法。但是，这种方法只是适用于你是真的有心"压制"对话者，或是希望自己马上占领谈话上风的情况。

李莹是总公司新派下来的副总，今天是她走马上任的第二天。昨天参加了公司的"见面会"，李莹已经感受到同事们在谈话中所夹杂的不服气的味道。由于心理准备不足，在昨天的会议上气势被几个"元老"抢去大半。今天她决定要把昨日的"气场"抢回来。会议开始了，李莹一改往日温柔有礼的作风，而是板起脸，点了一个具有代表性的"元老"连珠炮似的问起了问题。

"我们的商品现在在市场上能占多大的市场份额？"

"能与我们实力相较量的公司有哪些？"

"为什么明明是旺季，销售额却几乎与平日无差，问题出在哪里？"

……

开始的时候，这个"元老"还可以顺利地回答，可是随着问题的深入及倾向于细节化，"元老"的额上已经渗出了薄汗，明显对提出的问题力不从心了。这个时候，如果对方回答不了你的问题，就证明你占了上风了。当然，这种方法对提问者的才识与对公司的了解也是密不可分的。这种战术用好了，不仅气势会上来，而且还会让别人对你刮目相看。虽然你是被任命为这个公司的领导，可是从某种意义上讲你毕竟是"外来的和尚"，身处在受排斥的气场中，你的自信心就很容易遭受打击，运用这种方法的目的就是让你一下占上高峰，对方弱的时候，你的自信心就会重新回来。但是，问问题也是要有所讲究的，要尽量提出抽象、模糊，让对方不好回答的问题，这样出奇制胜的概率才会更高。

### 2. "表情和姿势"的妙用

社交高手会把表情和姿势当作是电视机的"遥控器"，想看体育看

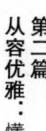
体育，想看少儿看少儿，把对话控制在自己的手掌心中。对话就像是玩球，在接投球练习中，如果投球速度太快，对方就接不到球；如果总是一个人拿着球，接投球练习压根儿就不能进行。对话也是这个道理，如果明明是一场讨论会，但是全会下来只有你一个人在发言，那么会议就失去了它本身的意义了。现在你一定非常想知道，这个谈话的"遥控器"要如何使用呢？

（1）怎样让对方简明扼要地做快速叙述

当对方开始慢条斯理地讲话准备做长篇大论，可是你心里却希望他可以快点挑重点来讲完时，你要以"点头"的方法来向他传达。对方讲的时候，如果你做出快速点头的动作，一般对方就会明白你希望他要快、要精。相反，如果你做出慢慢点头的动作，那么对方自然会按照原有的方案慢慢道来，因为你在暗示他"你的话很有意思，请继续说下去"。

（2）如何让对方接到"谈话"的接力棒

当你想要让别人也谈谈意见而不是光自己一个人讲的时候，就要想方设法将发言权让给别人。这时，要降低自己说话的音量，减慢语速，并且拖长最后一个字，视线下垂，如果你面前有稿子，可以做低头看稿状，这些都是向对方发出交换发言权的信号。当然，也可以直接用语言来交"棒"，比如说："×××你也来谈谈自己的看法吧？"或是"好了，现在你们谁来讲讲。"

（3）怎样才能让喋喋不休的人"歇"一会儿

在谈话过程中难免会有一些人一说话就停不下来，这个时候，你就要让他"歇"一会儿了。你可以试一下抬起食指这个动作。这个动作表示"我稍微打断一下，可以吗"的意思。虽然，自古以来都说打断别人的谈话是一件没有礼貌的事情，可是有的场合为了事态能向着自己有利的一方面发展，你应该尽可能地掌握谈话的主动权。还有一种方法也很巧妙，如果对方讲在兴头上你却实在没有听下去的兴致，但是又苦于不好意思打断，你可以用故意弄掉一些什么东西，或是好像想起忘了给客人倒咖啡等方法，使对方的谈话无法进行下去。等事情完毕后，重新把发言主动权"抢"回来。

（4）如何表达自己不想再听下去的想法

以消极的态度来应对，对方就很难再有说下去的欲望了。比如说，低头看表、唉声叹气或是无视对方的意见，以"嗯、嗯、嗯"来应答所有问题。如果对方还是没有注意，那么你就利用视线低垂、跷着腿晃来晃去的动作，来传达"我觉得很没有意思"的信号。摸摸鼻子、摸摸耳朵这些动作也都表示"您能不能快点结束啊"的意思。

（5）怎样把发言的主动权重新控制到自己的手里

稍微强势一点的，如果自己想要继续讲下去，而对方明显要把主动权拿过去，那么你可以伸手将对方的胳膊轻轻按下去，也就是一边说着"嗯，嗯"，一边让想站起来的对方坐下去。这表示"我还没有说完，请稍等"。如果你想让谈话和讨论向着有利于自己的方向发展时，应该轻轻触碰对方的胳膊，表示"现在还是我说话的时间"。多次重复这个动作，对方就会等得失去耐心。别小看这些动作，在社交场上如果运用得当，是会给你带来很大帮助的。

## 第三章
## 秀慧女人能够巧取他人帮助

一个人的力量是有限的，集体的力量是无限的，只有把有限的力量投入到无限的集体中，才能使自己的力量得以最大程度地发挥。社交场也是如此。自己的本领再大，没有人支持，没有人帮忙也都等于零。所以，女子要懂得一些"网"住人心的技巧，最好有自己忠实的支持者，这样才会让你省去后顾之忧，全心全意地去经营自己的交际圈。

### ◎ 让他人主动帮忙

交际心理学认为，人际之间存在互动效应，你如何对待别人，别人也以同样的方式给予回报。面对生活，每个人都可能会遇到事情。今天我有事，别人帮帮我；明天别人有事找我，我也会马上过去帮助别人。话是这样讲，但是，当真有事情发生而想要有求于他人的时候，自己就会十分头疼，不好意思，怕丢面子，怕别人不愿意，怕……种种的顾虑一拥而上。想象中复杂的事情，往往在付诸行动的时候就会变得简单许多。如果你再学上一点应对他人的攻心术，你就会发现"这原来没什么！"

**1.动用你的朋友**

在有事情需要帮忙的时候，男人往往会说："把我那几个哥们儿都叫上帮忙！"而女人总会比男人想得多，怕给别人添麻烦，怕别人没有空，怕路太远，等等。实际上，你用不着想那么多，友情就是在一件件小事情中成长起来的，大多数的人都会希望能为朋友做点事儿。话又说回来，就算朋友真的有什么事情走不开，大不了自己披挂上阵，也没什么大不了的。去试一试，如果还有点勇气不足的话，就在心里先做好最坏的打算，再打电话给朋友就行了。

**2.职场出招**

有的女人，心思太细。在日常工作中，有事情求助于别人时只找女同事。这是为什么？找男同事，她怕别人说闲话；找上司问，又怕同事们说她"心怀鬼胎"、"用心不良"。脚正不怕鞋歪，真的永远假不了，同理可证，假的也永远真不了。求助不会破坏你的形象，不仅如此，反而会让同事们更愿意与你亲近。一个没有架子，愿意向他人请教的人，别人会十分乐意给予你帮助。但是你要记住什么事情都要适量，如果你是新进职员，每个人都会包容你，帮助你，但是"新"不会永远成为"不会"的挡箭牌，尽快适应工作才是上策。

现在给你提供一些职场求助的好方法：

（1）明智的自我批评。当你知道自己很快就要被他人指责的时候，一定要先发制人，先示弱，别人的气势再强也会因为你的表现而弱下来，众多的说辞都会缩成一句："下次一定要注意！"

（2）先把事态说得严重些。当你有求于他人的时候，不妨先给你"小小的问题"铺一条宽一些的路。比如在说问题之前，你说，"我或许不应该打扰你"、"我这可能是无理的要求"，等等。这样一来，即便是你真的说了什么不该说的，下场也不会"死"得很难看。

（3）渐进式前进。人大多数都喜欢随波逐流，其原因很多，比如说不爱出风头，懒得解释，太麻烦，等等。如果先从一个大家都比较能接受的要求入手，让接受的人成为赞成的主流，然后再推行一个比前者的要求要高的新要求，其接受者就会比突然提出较高的要求的接受者多上许多，这就是"得寸进尺"效应。

所以，当你想要向他人提出一个较大的要求时，不妨采用渐进式的方法，先提出一个较小的要求，一旦对方答应了，再去提那个较大的要求，就有更大的被接受的可能。

### 3.感情投资

"人无远虑，必有近忧"。想要在自己遇到困难的时候有人帮助，平时就要做好人情储蓄。人容易受情感所驱使，只要你在平时多关心他人，别人有困难的时候不做旁观者，而是真心地伸手拉一把，你有事情的时候就会换来朋友的鼎力相助。

### 4.客套不可少

客套也是一种礼貌，如果你需要帮忙，开门见山地就提出来，除非你们两人关系很密切，彼此非常了解，否则就会让对方觉得有点突兀，感情上也接受不了，办起事来就会大打折扣。

## ◎ 适当激励合作者，让他看到共同利益

一般情况下，人们决定去付出一定是因为能够得到丰厚的回报。如不是特殊原因，几乎没有一个人希望自己的金钱、精力、时间或是任何一样有价值的东西白白地扔到海里打水漂儿。在人际交往中这个道理同样适用。想要与人合作，如果你只是告诉他："只要投资就可以了，别的你都不用管。"对方是一定不会同意的。因为他并不知道自己花了钱究竟能得到什么？要想得到别人的支持，就要让对方觉得与你有着相同的利益，那么他也就会表现得更为主动，合作便会收到更好的效果。实际上获取他人的支持和帮助就像是打仗一样，无论在一个国家中有几股力量，当他们的国家遭遇外敌的时候，这些力量就会拧成一股，一致对外。那是因为大家都知道，如果一个国家没了，自己的这一股力量又从何谈起。所以，你要明白一个道理，欲与人合作就要让他人先知道他会得到什么，如果不这样做他又会失去什么。总之，最主要的目的就是，大力强调合作绝对是他最明智的选择。

一支曾经是衣衫褴褛、半饥饿的、士气低落和纪律涣散的军队，在拿破仑的带领下，竟成为一支所向无敌的优秀军队。他——拿破仑，是如何做到这一切的呢？

起初士兵们缺衣少食，拿破仑看到了这一点并开始鼓励他的士兵们："兄弟们，你们衣不蔽体、食不果腹的苦难日子马上就要过去了，我将把你们带到世界上最富足的地方去，在那儿，你们可以看到繁华

的都市和富饶的乡村……"士兵们军威大振，每个人都恨不得插上翅膀一下子飞到那个美丽富饶的国度。

当他们打了胜仗，衣食有了保障的时候，拿破仑又把鼓励的点放在了士兵们的自尊心上，他大声地鼓励着他们："士兵们，祖国期望你们去取得重大成就，你们不会辜负祖国的期望吧？你们还有许多仗要去打赢，许多阵地要去夺取，许多河要去渡过。你们当中是否有人勇气低落了呢？没有！我们所有的人都要确立光荣的和平……我们所有的人都希望，在回到自己村子的时候，能说上一句：我曾经在战无不胜的意大利军团作过战。"士兵们的尊严和荣誉感被激发起来了。

这支军队之所以能够取得胜利，是与拿破仑的鼓励分不开的。每个人的心中都会有一片美好，那是他们想去极力得到的。在我们与人交往的时候，若想要得到他人的支持和帮助，就要学会向他人描绘我们相互合作的美好前景。只有让对方知道，我们有着相同的利益，相同的目标，且前方一片大好的时候，双方才更有可能达成共识，并为之而努力。

## ◎ 不给对方拒绝的机会

不给对方说"不"的机会，这简直就是天方夜谭。亲爱的，请你先别激动，听下去你就知道这是真的了。在人世间最难搞的就是人际关系，这是因为，每个人的性格和修养等方面都各不相同，要想都能够友好相处，的确很难。但是，这并不是没有技巧可寻的。如果要使你的意见让别人同意，而不是拒绝，你必须牢牢地记住：让对方立即说"是"。特别是在商业谈判中，双方都希望能够为自己一方争得最大的利益，因此相互反驳，讨价还价，甚至被拒绝都是常有的事情。但是，真正的谈判高手懂得对对方进行引导，循循善诱，让对方逐渐同意自己的观点，解决了双方争论的焦点，从而让谈判顺利地进行下去。

辛普森是美国一家电器公司的推销员。有一次，他到一家刚做一场生意的客户那里，希望再推销出一批新型的电机。可是没有想到，刚进门，该公司的负责人一看来者是他，立刻走了过来，劈头就说："辛普森，难道你还指望我们再买你的电机吗？"辛普森一愣，而后听负责人一说，才明白了，原来该负责人认为刚从他手中买的那一批电机发热超高于正常标准。

辛普森想，现在他在气头上，即使我向他说明道理，甚至为了反驳他不正确的观点而和他争辩起来也是毫无益处的，于是他便打算采用诱导的方式，来让对方意识到他的错误。于是，辛普森仍然保持着恭敬的态度，对负责人说："嗯，这样吧先生，我的意见和你相同，假如那批电机发热过高，别说再买，就是买了的也要退货，你说是吗？"

"是的！"负责人气呼呼地答道。

"自然，电机在使用过程中一定会产生热量，但你不希望它的热度超过全国电工协会的标准是吗？"

"是的！"负责人毫不犹豫地说。

然后，辛普森开始把谈话转入具体问题，他问道："按照标准，电机的温度可以比室温高出72F，是吗？"

"是的，"负责人说，"但你们的产品却比这个标准高得多，简直叫人没法摸，难道这不是事实吗？”

辛普森也不和他争辩，反问道："你们车间的温度是多少？"

负责人答道："大约 75F。"

辛普森兴奋起来，他拍拍对方的肩膀说："这就对了，车间里的温度是 75F，加上电机可以高出的 72F，一共是 147F。如果你把手放进 147F 的热水里，会把手烫伤的，是吗？"

辛普森得到了第四个"是"。紧接着他提议说："那么，不把手放在发动机上行吗？"

"嗯，我想你说得不错。"负责人赞赏地笑起来。而后，把助理叫来为下一个月开了一张价值 3.5 万美元的订单。

不给对方留下说"不"的机会。让别人说"是"，这是谈判高手在谈话中经常运用的一种方法。通常情况下，若想反驳一个人的观点如果让对方说出了"不"，那么你将很难有机会继续解释下去。因为从那个"不"字开始，对方用来反驳你的话就已经准备了一箩筐了。所以，为了预防别人对我们进行的反驳，就要引导他讲"是"，这样的话，对方就会一直听你讲下去。当然，这还要求引导说话的这个人要有坚定的信念，就拿案例中的电机为例，它至少要确实是没有问题的。那么，你的说服方法就会有效。

另外一种方法也可以起到同样的作用。比如说，一个姑娘爱上了一个穷小伙，姑娘的家里人都不同意她这样做。但是姑娘却坚定地对父母说："无论你们怎么反对，我是非他不嫁了。嫁过去如果吃苦受累的话，我都认了。如果你们硬是不同意，那我也没有办法了，你们就当养了一个不孝的女儿吧！"虽然这种说法有点走了极端，但是却是必胜之招。女儿的话都说到这个分儿上了，做父母的还会说什么呢？但是，这个方法最重要的前提条件是一定要表明自己的坚决，让他人知道你的主意已定，它是不可动摇的，对方自然就没有说"不"的机会了。

## ◎ 让他人不知不觉地认同你

在生活中，有的人有这样一种本事。当两人争论的时候，无论双方所争论的事情谁对谁错，最终的结果都是他取得了胜利。这让他的对手感到很奇怪，明明是自己有理，可是为什么越讲就越觉得道理不在自己的手里了呢？不得不说，你遇到了一位谈话的高手。他就像是一缕奇特的香气，闻到它的味道的时候，你就已经中了它的"毒"。这样的人善于把自己的观点、想法以洗脑的方式，巧妙地灌输到对方的思想里。明明是他想要这样办，但是他却不会说出来，而是引导对方把他的想法说出来。

前一阵子在网上看了一个热播的电视剧叫作《媳妇的美好时代》，里面有一集说的是丈夫开了一家影楼。于是妻子辞去了原来的工作和丈夫一块儿经营影楼。可是，妻子每天在身边真是让丈夫苦不堪言，因为妻子方方面面都要看得到，来了女的拍写真，妻子就要左三审，右三审，店里的客人是越来越少了。丈夫想让妻子自己去上班，不要和他一起工作了。于是，丈夫想了一个好方法。这天两人在吃晚饭，丈夫就先开口说话了："老婆，店里的生意太淡了，我想和你商量一下，裁个人！"老婆转过头问："要裁谁啊？店里一共就一个摄像，一个门市，一个你，一个我。你要裁谁啊？"丈夫接着说："那也没办法啊，真是养不起这么多人了。我看就把门市裁了吧？""那可不行，人家姑娘多好啊，再说，影楼怎么也不能客人一进门连一个招待的都没有吧？不行，不行，我不同意。"丈夫接着又故意说道："那就把摄影的老张裁了吧。大不了我辛苦点儿，累点儿，也比饿死了强！"老婆马上又反驳道："那怎么行啊，生意一好，你自己是忙不过来的。不行，不行，我告诉你，我不同意啊！"丈夫捂着脑袋装出没有办法头痛的样子。老婆想了想对丈夫说："你看，门市和摄影是肯定不能裁掉的，这样一看，就剩下我整天没事干了，还是我下来去找工作吧！"丈夫心里一乐，正中下怀，但是却不能表现出来，于是故意地说："不行！绝对不行！我都说了让你做老板娘，我怎么能让你下来啊，不行啊！"丈夫越是这样说，老婆反而越坚持，坚定地说："这事不用争了，我说了算，明天我就去找工作。就这么定了。"说完老婆起身回屋里了。而丈夫呢？早已经偷偷地乐开了花。

117

　　丈夫的这一招真是绝了。他心里最清楚，店里最应该下来的就是自己的老婆。可是他却不能这样说，因为只要自己一开口势必会造成老婆的反驳，自己就不会有好日子过了。于是，他聪明地选择了把"谁应该退"的这种思想，灌输到老婆的脑袋里，让她自己进行分析，最后结果就自己分析出了自己。而丈夫此时又装模作样地刻意阻挡一下，就好像这原本不是他的初衷一样，但是反倒让老婆的主意更坚定了。到最后，老婆仍然觉得是自己把自己拿下来的，而不是丈夫把自己撸下来的。

这真可谓是一个好方法，无论面对的是谁这个方法同样适用。当你有了一个想法或意见之后，如果你要他人按照你的意见去做，你就要想办法一步步地来给对方灌输你的思想，那么，若是成功了，他人就会认为这是他们自己提出来的意见，并绝对地信任它，这才是最好的方法。这样一来，你就可以不再担心他们的反对了，因为对方已经信心百倍地去执行你的意见了。这就是制胜的绝招。

## ◎ 看穿对方的真实意图，再加以应对

在人际交往中常常强调倾听的重要性，因为当人与人打交道的时候，他们常常是表里不一的。比如说，一个女人在商店看见了一件自己很喜欢的衣服，而恰好这个商店里的服装是可以讨价还价的，她肯定会有意无意地询问这件衣服的信息，当服务小姐给予回答后，她必会挑着那些无关紧要的毛病，"有点大"、"颜色有点暗"等等，而这样做的目的无非是想让自己在讲价的时候更容易一些。这样的事情在生活中并不少见，所以，无论遇到什么事情都要让自己机警一些，多做观察，如果能够准确窥知到对方的真实意图，并做到有的放矢、随机应变，无疑会让女人在说话办事时更加顺利。

加里说，他想买一幢既能看到美景，又能眺望港湾的房子。从加里的办公室向外看，都能看见哈特森河上码头云集，船舶穿行于水面之上，真是一幅热闹的风景画。对于他来说，这是很重要的。

售楼员约瑟夫当然知道，钢铁公司办公室旁边符合加里这些条件

的房子有很多，但是想来想去，还是只有帝国大厦最为理想。因为，没有比这栋大楼更漂亮，看风景更好的地方了。但是，此时看上去，加里似乎更中意旁边那栋更时尚的房子，而且他说他的一些同事也力主他买那栋房子。这让约瑟夫开始有些担忧了，因为除了加里看上去好像中意的那座楼之外，还有许多别的符合条件的房子。为了避免事情有变，他想尽快解决这件事。所以，当加里第二次请他帮助看房子的时候，约瑟夫便立即建议加里买他们原本就一直住着的那栋旧房子——帝国大厦。他的理由是：旁边的房子确实也能看到美景，可过不了多久，一座新建筑就要拔地而起，一切景色都将被遮住。如果买了帝国大厦，就没有这层顾虑，可以安心观赏哈特森河美丽的风景。可是，加里却立即表示不想买帝国大厦。

约瑟夫这回没有搭话，只是在一旁静听着加里的话。"他到底是什么意思呢？他中意的到底是哪一座呢？"约瑟夫的脑子飞速地运转着。现在，很明显，加里坚决不同意买帝国大厦。可是他所拒绝的理由都是一些无关紧要的理由。从这里可以看出，这并不是加里的意见，而是那些想买旁边的新房子的职员的意见。想到这里，约瑟夫有了恍然大悟的感觉，加里说的并不是真心话，其实，他是想买帝国大厦的，尽管他嘴里极力反对。想通了这些，约瑟夫心里有了底。而此时的加里，因为没有人反驳他的话也就安静了下来。于是，在接下来的一段时间里，他们一起静坐，一起眺望窗外那些加里特别喜欢的景色。后来，因为谁也没有反驳加里所说的话，所以，加里就不再讲下去了。又过了一会儿，约瑟夫十分平静地问："先生，刚到纽约时，你的办公室在哪儿？"沉默了一下，加里才说："什么意思？就是这栋房子。"

约瑟夫点了点头，又问："那么，钢铁公司是在哪儿成立的？"一样的沉默，而后加里回答："也是这里，就是我们现在坐着的办公室。"之后，他们再也没有说话，就一直静静地坐着。时钟以极慢的速度走了5分钟，终于，加里兴奋地说："几乎所有的职员都主张买那栋新楼，可这是我们的老家啊！可以说，我们是在这里成长壮大的，我们实在是应该永远在这里住下去啊！我决定买下这里。"

就这样，约瑟夫没有想到，自己画图、制表、做预算，花了好几个星期研究怎样才能找到加里所说的"合适"的房子，却一点收获都没有。而在实际操作时，他只用两个问题和5分钟的沉默就成功地让加里买了一栋房子。在生活中，我们往往就是这个样子，忙了半天，结果却是一无所获。我们也应该像约瑟夫一样，当问题好像走进死胡同的时候，想一下，对方真正的意图到底是什么？他说的话是他心里想的吗？多观察，多分析，而不要被眼前的假象所迷惑，使自己失去了方向。有些事情看起来十分复杂，那是因为你没有体会到他人真实的意图，如果你能看清了，5分钟的解决时间，也已经足够了……

## ◎ 给他人面子，别人才能给你面子

老人们常说："人活一张脸，树活一张皮。"中国人最讲究面子问题，没有面子就感觉像是没有穿衣服一样。今天你给我留了面子，你就是我的朋友。明天你若是碰到了难处，即使我吃上一点亏，也会伸手相助给你留下面子。倘若你不顾忌他人的感受，不留余地地让他人颜面扫地，这笔账他一定会记在心头，一旦有了合适的机会，定会让你更加难堪。实际上，给面子也是一种礼尚往来，正因为人们都重视它，就使它看起来更有分量。西楚霸王项羽兵败乌江时，还在仰天长啸："纵江东父老怜而王我，我何面目见之！"可见，面子有的时候比生命更具价值。我们每个人都需要面子，而且都希望自己有面子，有面子就能被别人看得起，有面子就有优越感。由此可见，在人际交往中只要懂得了这个道理，并遵照着它来行事，有些事情在处理起来就会轻松得多。

**1.要懂得保全他人的面子**

关羽为人骄横，处处不给人面子。在关羽驻守荆州期间，孙权曾派诸葛瑾到他那里，替孙权的儿子向关羽的女儿求婚，这本来是一件大好事，这样一来蜀吴的联盟就会更加紧密。谁知，关羽不但没有好好地把握这个机会，反而狂傲地叫嚣："吾虎女怎肯嫁犬子乎？"实在是太不懂得给他人留面子了。当然，关羽的下场也不好，兵败被斩，被盟军所杀，这与他不给别人面子有很大的关系。

史坦恩是电器方面的天才。他在担任通用公司电器部门的总管时，把企业管理得井井有条，连年来，公司的销售额不断上升。不久，他获得了提升，其职位是通用公司计算机部门的主管。然而，这一职位并不适合他，看着计算机部门糟糕的业绩，通用高层领导心急如焚，但他们也不敢对史坦恩有所冒犯，因为这样的天才不是他们所能得罪的。通过最后的协商，他们想到了一个绝妙的办法，让敏感而又极其自尊的史坦恩愉快地接受工作调动。通用公司在内部新成立了一个部门叫作通用电器公司顾问部。史坦恩担任"顾问总工程师"，并且兼任部门主管。这样一来，既保全了史坦恩的面子，还顺利地解决了问题。通用公司这一举动，无疑表示了他们对于史坦恩的尊重。保全他人的面子，还可以通过对他的观点表示赞同来完成，让他的心理方面得到满足，然后再指出他的弱点或是不足之处，这样对方就比较容易接受了。

### 2.公共场合，更要给他人三分薄面

楚人献给郑灵公一只特大的鳖，灵公用它来大宴群臣。但是，他却不让子公吃。原来，在前几日上朝的时候，子公的食指自己动了起来，他便对别的大夫说，我的食指一动，就能尝到非同一般的美味。为了让子公的这句话不能得以实现，让子公失面子，灵公才会有此决定。但是，子公也不会任人摆布，为了挽回自己的面子，他就径直走向烹鳖的鼎前，把手指伸进了锅里，然后放到嘴里去尝其味道。这回子公倒是寻回了面子，却扫了灵公的面子，灵公起了欲杀子公之心。两个人大打出手，结果子公把灵公给杀了，这回灵公可真是永远没了面子。

在公共场合，人们的自尊心和虚荣心更为强烈，因此面子仿佛也比平日里更具分量。所以，在与人交往时，一定要给对方留面子，注意给他人台阶下。否则，像灵公那样，本来是要当众让子公没面子，到最后，自己不仅失了面子，还招来了杀身之祸。

知道给他人面子，别人才会给你留面子，既然面子对每个人都那么重要，我们就更应该注意别伤了他人的面子，多给他人面子，这样我们也会越有面子了。

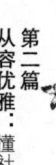

## ◎ 客套话别说多了

两人初次相识，朋友好久没见，见了面难免大家要互相客套一番，一般说得都很短，诸如"您好、劳大驾、借光、请慢走"之类。这既表示你的礼貌，也代表你对他人的尊重之意。可是，如果不注重对方的生活角色，让客气话不小心生产过剩，不但起不到拉近两者距离的作用，反而会让朋友感到不安，甚至觉得你是个虚伪、迂腐之人。

### 1.客套话太多会让人"难受"

有的人习惯于张口闭口客套话，自己感觉不错，可是和他在一起的人要么感到坐立难安，要么觉得哭笑不得。如果你就是一个"盛产"客套话之人，在今后的日子里一定要注意自我节制了。比如说，一个朋友到你的家里来做客，你的老毛病开始发作了。因为你过于客气，朋友有些不知如何是好，生怕自己哪里没有说好让你不高兴了。没坐多久，如果你仍保持在一种客套的状态的话，你的朋友很快就会找理由离开的。而去你家，和你聊天，也会成为他的噩梦。当然，如果是新朋友客套一下也是在所难免，可是当你们都已经成为熟人的时候就必须控制好客套话的"生产"，让彼此在一起能待得随意一些，无论谈点什么都好。千万不要让你过剩的客套话把彼此的距离越隔越远。你试想一下，和你很熟的老朋友，你一会儿一个"府上"，一会儿又一个"过意不去"、"表示歉意"，好人都得叫你逼疯了。特别是当一个人把客套话当成是一种习惯的时候，就更有好玩的事情发生了。比如说，领导从厕所出来，正好撞上，你赶紧说："吃了吗您？"你说领导的脸得黑成什么样子啊。也可能，领导会把脸一沉，回你一句："你还没问我吃的什么呢！"

客套并不是不好，可是物极必反，什么东西如果过剩了就反倒会让人觉得讨厌了。

**2.说客套话要注意哪些问题**

（1）态度诚恳。如果与他人讲客套话，一定要说得充满真诚，让他人能感觉到你的真心实意。如果把客套话说得像是炒豆一样生硬，就会让人产生厌恶之感。另外，在讲客套话的时候，还要与礼貌的姿态相配合，如果嘴里说得挺文明，但是举止却很放肆，那你还真是不说为妙。在对待朋友的时候，大可以把平时说的客套话讲得稍微坦率一些，让朋友能够适应，而不是总是觉得你很奇怪，相信你就会得到更多的朋友。如果你所面对的人是你的长辈，把话说得客气一些反倒能表示出你对长辈们的尊重。还有一点要说的是，像那种早已经作古的客套话，如"小妹才疏学浅，一切请阁下多多指教"、"贵号生意一定发达兴隆"等，就不要拿出来特意卖弄了。

（2）有的说，没有的不可乱说、乱用。说着客套话，你却不一定会使用客套话。如果硬是卖弄着那一点半点的学问，倒不如问得细些更为得体。比如说，"久仰大名，如雷贯耳"，倒不如说："阁下不就是上次晚会上的特邀嘉宾吗？真没想到你能来啊，真是蓬荜生辉啊。"这样的表达，才会更容易拉近彼此的距离。

124

## ◎ 不管事办没办成，都要感谢对方

求人办事若是办成了一番感谢自然是免不了的，可是事情没有办成还需要感谢别人吗？当然。事情不成人情在，即使对方没有帮你把事情办好，但是他却为你出了主意，尽了力，没有功劳也有苦劳，如果我们不但不感谢还让他人落了一身埋怨，想一下即使对方下次完全有能力帮助你的时候，你再去求他，对方也不会忘了前车之鉴，故而找个理由将你的请求推辞掉。他人不是你的一次性卫生筷子，用过之后就扔掉了，今日河东，明日河西，变幻莫测的局势无人能够把握。交友办事不能把眼睛只盯在成与不成的问题上，多一个朋友，结下了一份情谊，都可能成为一件好事。如果没有把自己的心态摆正，事情没成，你就老大的不高兴，甚至给他人摆脸色，对方就会认为你这个人修养较差，缺少人情味，根本不值得一交。

卡特是美国石油大王洛克菲勒的好友，也是帮助他创建标准石油公司的伙伴之一。但是有一次，洛克菲勒与卡特合资经商，因卡特投资失误而惨遭失败，损失巨大，受朋友的信任却给他帮了倒忙，出了这么大的事情，这让卡特很过意不去，以至于自己不知道如何去面对洛克菲勒。有一天，卡特走在路上，正好看到洛克菲勒和其他两位先生走在他的后面，他觉得自己没有勇气去回头，于是打定主意当作没有看见，继续低着头向前走。这时洛克菲勒也看到了卡特并叫住了他，微笑着对他说：

"我们刚才正在谈有关你的事情呢!"卡特一听更加地无地自容,以为洛克菲勒要埋怨他,于是他马上开口说:"这次真是太对不起了,你信任我,我却让你遭受了这么大的损失……"可是,卡特没有想到的是,洛克菲勒若无其事地回答道:"我们能做到那样已经难能可贵了,这次多亏了你处理得当,使我们保存了剩余的 60%,这完全出乎我的意料,谢谢你!"这一切太出乎意料了,卡特没有想到自己没有招致朋友的埋怨,反而得到了赞美和感谢。卡特心里充满了感激。后来,卡特做事更加地努力认真了,不仅为洛克菲勒挽回了损失,而且还为他赚了不少的钱。

每个人都应该有一颗宽容的心,再说毕竟是自己有求于朋友,朋友完全可以拒绝去帮助你。而他选择了试试看就是有心帮助你。如果朋友历尽周折,却因为某些原因只得无功而返,你得知后却连一句感谢的话都没有,那么谁以后还愿意来蹚这个浑水呢?事情没办成,你仍要感谢,这无疑是给办事的人以信心和鼓励,不仅会使两人感情更为融洽,也为以后可能存在的机会种下了希望的种子。

有一个农村女子在大城市打工,出来多年自己有了一些资本,于是做起了小本生意。她有一个儿子在乡下,眼看就要上初中了,她非常想把他接到自己的身边来读书,受更好的教育。于是,她托了在教育局工作的朋友希望能办成此事。这个朋友只是教育局的一名普通职员,没有什么权力,但是基于是朋友所托自己也就尽力而为。可是费尽了周折仍然没有办成。虽然如此,这个农村女子仍然很感谢朋友的大力帮助,并且从家乡托人捎来了好多特产送给他。朋友认为自己并没有帮上忙,说什么都不肯收,农村女子却执意要送。事情过后,好像就没有什么新的事情发生了。过了三年,这个朋友居然被提拔成了

教育局的副局长了，于是，他帮助农村女子已经要上高中的孩子顺利地调到了城里。

事事难料，人总不能为眼前活着。除去人情不提，一番感谢也许是为明天留下了机会。想一下，这个农村女子如果当初没有对朋友表示感谢，而是不理不睬，那么他的儿子又怎么会有到城市读书的机会呢？事情总会有成与不成两说，在求朋友办事的时候，不要太苛求，只要对方愿意帮助你，即使没有办成，也理应感谢，这一点是万不可忽视的。

# 第四章
# 秀慧女人善用真诚打动别人

守信是中国人的传统美德。商人讲究"诚信为本"，老百姓追求"诚信做人"。要想赢得别人的信任，除了要抱有这样的心态之外，还要学习一些技巧，让别人有机会感受到你的"诚"，这才是良好合作的开始。

128

## ◎ 创造和谐愉快的交流气氛

会说话的女人更讨人喜欢，无论是朋友之间，同事之间，还是商业伙伴之间。和谐愉悦总会给人际交往的气氛增色不少。聪明的女子善用谈笑的口吻提高自己的人气，获得他人的信任。在谈笑间，就算是偶尔出现了不愉快的事情，也会在哈哈一笑的瞬间得以化解。那么，要如何去做才能让自己成为创造和谐愉悦的"发动机"呢？

在谈话时，要注意这样去要求自己。

### 1.面带笑容

女子的笑容是感染快乐最好的方法。嘴角含笑或面带喜色是一种比较适宜的表情。这样会让对方认为，你与他谈话是一件十分令人高兴的

事情，从而使对方的心理得以放松，有助于两人进一步地深入了解。

**2.声音的掌控**

语速要适当，如果太快了很可能让对方无法听清楚你在说什么。语调要尽可能沉稳，但是不要失了亲切感。音调不要太高，如果音调太高常常会引来旁人的侧目，引起尴尬。当然，更不可忽高忽低，如果突然来了一个"河东狮吼"，心脏再好的人可能也会受不了。

**3.说话要有所节制**

爱说话可能会表现出你开朗的一面，但是也有可能让对方觉得你不稳重，难做大事。所以，女子在与对方交谈的时候，最好先符合"大众口味"，以达意抒情，不令人生厌为好。另外，女子的沉默有时候也是一种交际语言，有时会收到意想不到的效果，比如说"娇羞"等。

**4.身体姿态为说话吸引力加分**

说话时的身体姿态也是有"功用"可寻的。端坐或站立，表示你想真诚地听对方说话；两脚平行放置站得稳稳地，表示你愿意听下去而不是随时准备走人；交叉双腿或双脚，这表示你对对方有防备甚至是敌视之意；与人说话时身体稍稍前倾，表示你在专心地听他讲话，很乐意与他接着谈下去。只要在合理的时间，合理地运用这些身体姿态，都会为你的语言起到锦上添花的作用。

**5.心灵窗口的对话**

我们每个人都有这种感受，当你和别人说话的时候，与他做一下目光的交流你就会知道对方有没有好好地听你讲。如果有，劲头更足；如果没有，则草草结束话题。所以，让对方知道你在认真地听的最好方法就是"目光交流"。一个眼神也许会比你说上十句话还要起作用。

善用这一点，适时地加上肯定地点头，其效果就会更好了。

### 6.谈话方式的选择

在谈话过程中切莫东说一下，西说一下，颠三倒四让人摸不到头绪。而是要围绕一个双方都感兴趣的话题来说。有些女人说话爱唠叨，这一点不应该带入到人际交往中来，如果在谈话时总是有意无意地说一些毫无意义的话，不仅会使你的表达显得不连贯，还会让对方感到在其中夹杂着犹豫不决的心态。

### 7.柔性美不可过度

一般来讲，女性讲话都比较温柔。当然，适当的"温柔"会让人有如沐春风之感，但是如果一旦"过度"，且谈话的对方是男性，就会很容易产生误会。不仅如此，温柔的声音也会让女子显得信心不足，不敢确定。

130

### 8.与之谈话时应注意的事项

寒暄是必要的，但是说得过长过多就会让人心生厌烦。开场白也不要讲得过于啰唆，自己想好再说，脱口而出，想到哪里说哪里很容易让对方越听越糊涂；在谈话过程中，不要左耳听右耳冒，看上去在认真听，一旦别人临时发问："××女士，你说对吗？"你愣愣地回一句："你刚才说什么了？"那笑话可就闹大了。

特别提醒女性要注意的是，对于一些"尖锐"的话题，为了让它听起来没有那么锋利，往往都要加上很多修饰语或是软化语气。虽然，这种做法是没有什么毛病的，但是如果过于委婉，就会造成让对方不知其意，不明其理的结果。

## ◎ 用闲聊的方式慢慢打动对方

人与人相处总免不了闲聊上几句。可是大多数人说的都是废话，闲聊过后自己都不记得说过什么，而和你一起闲聊的人大抵上也是哼哼呀呀地应着，也记不得你的话。这无疑是一种浪费，懂得用闲聊的方式在不知不觉中打动对方的人，才算是人际高手。

情景一：出差的火车上。

孙红跟着处长去外地出差，在火车上两个人聊了起来。处长给孙红讲了许多自己年轻时在外独自打拼的事情，孙红听后感慨良深地说，处长，一个女人在外面要吃那么多苦，您真是太不容易了。处长笑了笑，没有搭话。孙红接着说："我在公司也已经三年了，也见过了许多人，许多事。在咱们公司里我最佩服两个人……"孙红顿了顿接着说："一个是咱们公司的老总，从白手起家到现在拥有了这么大的公司真是太不容易了。而且，那么大个老总待人还那么亲切，一点架子都没有，太了不起了；第二个，就是您。同为女人，我可知道女人的成功要付出多少努力啊！有的时候，我觉得工作太累了，就不知不觉地想起您，您就是我的榜样。"

任谁听了孙红的这一番话心里都会无比敞亮。这种模式的说话技巧关键在于"我最佩服两个人，一个是1，另一个是2。1指的是一个两个人都共知的优秀的人，2当然就是和你说话的那个人了。虽然两个人做比较1会比2更优秀，但是1的作用充其量就是个帮衬，后面的内容才是打动对方的关键点。

情景二：给老师祝寿。

老同学们相约着去给老师祝寿。相隔多年，孩子们都长大了，老师挺兴奋。一会儿看看这个学生，一会儿拍拍那个学生，好像每个人都是他的孩子一样。同学们围坐在老师的身边，回忆着当年的点点滴滴。有个同学提议，每个人都向老师说一句话，大家纷纷表示同意。有的说："老师，您辛苦了。"有的讲："老师，想想您当年教得真好。"还有的说："我们永远都不会忘了您。"轮到小丽了，她说："老师，在这个世界上，父亲是我最敬重的男人，母亲是我敬爱的女人，您就像我的母亲一样，只要有事情开口叫我去做，我绝不说一个'不'字。"老师点着头，眼睛里泛出了泪光……

为什么那么多同学说过之后，轮到了小丽，老师会显得如此激动呢？这个关键点在于"母亲"。"在这个世界上，父亲是我最敬重的男人，母亲是我敬爱的女人，您就像我的母亲一样。"前面把对父亲和母亲的感情做一番描述之后，再把对方比成他们其中的一人，就可以彰显对对方的尊重和热爱。

话虽如此，说话人本身内心的感情也是不可忽视的。如果这些方法，你只是把它们当成了"华丽的辞藻"，只是为了帮助自己达到某种目的，也许他人会暂时被你打动，但是，这种没有感情的外在的辞藻是不会长久的。你只是给情感账户做了一个假账，总有一天，它会回归于真实的。

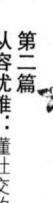

## ◎ 找到 "兴奋点"，引起共鸣

一般认为，情绪是生物在产生意识、高级心理活动的基础上而产生的主体的愿望、需要、欲望、追求目标等为中介的一种心理活动形式。情绪就像感冒，是具有传染性的。但是，并不是所有情绪都可以在无声无息中以同样平静的方式进行传播。在人际交往中，要想得到对方的信任和喜爱，我们要传递给他人的是快乐和温暖。而当别人失败或沮丧的时候，我们也要让他人感觉到，我们在因你的失败而惋惜，在因你的沮丧而痛惜……总之，要让我们和对方的情绪产生共鸣，让他能够知道，我们彼此是感同身受的。情绪的信息表达会给对方传递怎样的感受和行为呢？

1.如果你对他人表现得热情且友善，对方也会以同样的态度对待你。

2.如果领导对下属的工作能力表示很失望，那么这种情绪会激发下属的斗志，希望通过努力来让领导消除这种想法。

3.如果你对他人微笑，讲有意思的事情，他人也会受你快乐的感染从而快乐起来。

4.如果你很苦闷，即使和他人在一起时，也总是唉声叹气，那么对方也会觉得心里闷，不痛快。

5.如果你对他人大发脾气，对方也会火气上头和你对着争吵。

情绪就是这样一种奇怪的东西，它好像是一面镜子，你对镜子笑，镜子里的人就会对你笑。你对镜子哭，镜子里的人也同样会对你哭。

这种功效在人际交往中同样有用。

### 1.音乐传情

当洞悉他人思乡的时候，你不妨为他播放一支乡曲，让他知道你和他感同身受；当洞悉他人欢心雀跃的时候，你不妨为他播放一支节奏欢快的曲子，一起跳舞，让他知道你也在为他高兴；当洞悉他人讨厌喧嚣的时候，你不妨为他放上一支优美的曲子，让他知道你和他一样也想要感受平静的快乐……音乐的魅力是无限的，它可以帮你把情绪做一个最完美的诠释，然后传递给对方。

### 2.把别人当成自己

当他人身上发生难堪、痛苦、不快的时候，你要学会把别人当成自己。将自己的情绪带入到他的情绪中，才能以情动人，感同身受地给予对方必要的安慰和关心。

134

### 3.用微笑给对方带来快乐

你对别人微笑，很少有人会对你视而不见。当别人看见微笑的第一眼就知道你是友好的，充满善意的。微笑是最有感染力的交际语言，是向对方传递快乐最好的方法。虽然微笑的作用很神奇，但是，如果真的想达到效果还要注意以下几点小事项。

（1）注意他人的情绪，倘若他人原本情绪十分平和或是本身就带着一丝快意，那么就尽情地施展微笑的武器吧。如果再讲上一些幽默的小故事或是谈一些对方感兴趣的话题，会让快乐的因子渗入得更快。倘若他人极度地忧伤或是心情暴躁，那么还是不笑为妙，你若还是微笑以待的话，很容易让对方误解你是在看他的笑话。

（2）相信自己笑得很美。在微笑之前，你需要相信微笑有一种感染人的积极力量，富有自信的微笑更能打动人。而且，微笑要发自内心，才会迅速地传递到他人的内心。

（3）程度的把握。微笑是向对方表示一种礼节和尊重。淡淡的笑往往会起到更好的效果。

**4.用鼓舞的话语激励他人**

当对方因为失败而气馁的时候，你首先要肯定对方的能力，并且让对方感受到被信任的力量；其次，有技巧地让他重新肯定自己。比如说："你看王力，他工作业绩也没有你好，人缘也没有你好。他都能做得那么有成绩，你差哪里啊？只要你想干，一定做得比他强。"

良好情绪是人际交往过程中的润滑剂。掌握好这些技巧，得心应手地运用情绪心理规则，你就能控制好情绪并达到用情绪感染别人的效果。

## ◎ 先抑后扬，调动对方的情绪

有很多女人都不明白，为什么自己的嘴也不笨，却要下很大功夫才能得到周围人的信任。而有的人往往不如自己和对方相处的时间长，却三言两语笼络了他人的信任呢？这就要从说话的技巧谈起了。怎样才能让对方很快就对我们产生好感，继而信任我们呢？一般来说，从否定到肯定往往会有更好的效果，其方法也是多种多样的。

**1.先抑后扬**

先"损"一下，再"扬"起来，对方的情绪波动虽大，但往往会起到更好的作用。

相传，纪晓岚就有这样一段趣事。有一次，纪晓岚应邀去为一个朋友的老母亲祝寿，席间他即兴做了一首祝寿诗。纪晓岚号称大清第一才子，到场的大人物都在期待着会有怎样的一首好诗诞生。谁知，诗的第一句劈头竟说："这个老娘不是人"，众人皆吓了一跳，在上坐的老太太心想："这不是在骂人吗？"只见纪晓岚不慌不忙地再言："九天仙女下凡尘。"哦，原来是这样啊。众人皆松了一口气，鼓掌叫好。老太太也高兴起来。谁知第三句却是："生个儿子却做贼"，宴会主人脸上勃然变色，四座咋舌。哪知纪晓岚又从容地说："偷得蟠桃献娘亲。"众人俱喜，宴会主人更是高兴地为他敬酒。

不愧是一代才子，一出言就非同寻常。第一句，"这个老娘不是人"，仿佛在骂做寿者，引发他人的不快；第二句，"九天仙女下凡尘"，峰回路转，原来是在赞扬其母为天人转世啊！众人皆喜；第三句，"生个儿子却做贼"，又下一剂重药！主人怒气直上；第四句，"偷得蟠桃献娘亲"，原来，儿子也不是凡人，居然犯险到天上偷王母娘娘的蟠桃给母亲祝寿。短短四句话，抑—扬—抑—扬相结合，既表达了主人不凡的地位，又表现了儿子对母亲的孝心，真是一首绝妙的诗。在与人交往的过程中，虽然应该多赞美别人，不能轻易否定对方，然而，这种先抑后扬的赞美方式往往会让气氛更好，更得人心。

除此之外，先抑后扬的方法也可以换成另一种形式，皆有异曲同工之效。比如说："刚开始认识你的时候觉得你特难相处，熟了之后没想到对朋友这么够意思！""上学那会儿你像个假小子特淘，现在怎么这么漂亮，这么文静啊?!"适当地否定他的过去，实际上是对他今天成绩的加倍肯定。

**2.否定他人，肯定对方**

如果有两个人对你表达喜爱之情。第一个人："我喜欢的人多了，当然也包括你。"第二个人："我很少喜欢别人，不过你是个例外。"你更愿意接受哪种说法。当然是第二种。第一个人用的是双双肯定，第二个人用的却是否定其他人，肯定你自己。如果他们是喜欢你的男生，第二个人胜出的比例明显强于前者。

说话也是一门艺术，虽然其中有技巧性可言，但是这只能增强你表达意思的效果。如果此方法不是出自于内心，而是单纯的技巧的话，会很容易被别人揭穿的。说白了，"诚"字仍然是你言语的先行军。技巧和心里想表达的话就像是积木盒和积木的关系，积木盒只是大小最适合装积木的盒子罢了。

## ◎ 学会换位思考，考虑他人的感受

在人际交往中要想使他人信任你的话，就要学会本着"双赢"的思想进行换位思考。如果人与人在相处的时候，总是想着如何占人家的便宜，别人肯定会对你十分反感。就算是你一时地蒙混过关占得了小便宜，却把长远的利益输了进去。孰轻孰重你应该很明白。特别对于从商的女人，更不能贪了小的失了大的。男女偏见在一定程度上还是存在的，有的人不愿意和女人做生意，他们觉得女人都是斤斤计较的，所以，哪怕是你动用了一点这种想法，对方通常都会以一当十。

如果在与人相处的过程中，你体现出大家之风，处处为他人着想，甚至是拉他一把，并且言出必行，对方就会对你产生信任甚至是感激之情。如果是这种情况，他有十杯羹的话，能不分给你几羹吗？这样，感情人脉这条线才会得以发展。当一次这样，两次这样，人传人，口传口，不久你的声誉就会有口皆碑，人人信服。虽然在生意场上商人都是为了利而行的，但是，这并不意味着不讲道义，不够朋友，为了钱什么方法都用，那样的商人是难以立足的。一次生意挣少了点儿，却迎来了第二次和第三次，乃至更多次。反过来，一次生意耍了心眼多挣了一点，却失去了以后挣钱的机会。

在《宋稗类钞》中有这样一个故事，宋朝有一个叫苏掖的人，官位很高，十分有钱，但是却吝啬得要命。每次买田买房的时候总是不能付给对方足够的钱，为了少付一分钱也会与人争得面红耳赤。不仅如此，他的同情心少得可怜，别人越是困难着急用钱的时候，他越会把价格压得很低，以此赚得暴利。有一天，他又遇到了这等好事儿，仍是按着他的老套路把房价压得低低的。房子的主人觉得他不讲道理于是与之吵了起来。两人越吵越凶，旁边的儿子再也看不下去了，张口说："爸爸，您还是多给人家一点钱吧！没准将来我们儿孙辈会出于无奈而卖掉这座别墅，那时候，我们也希望有人给个好价钱。"听了儿子的话，苏掖愣了一下，也觉得自己似乎做得有些过分了。

当你发别人"困难"之财的时候，良心何安。多么可爱的孩子，他懂得站在别人的位置上去体谅别人的难处。他也知道，爸爸就算是多付出一点钱，他也是有利可得的。既然如此，又何必把事情做得那么绝呢？与人方便，自己方便。这是必然的规律。

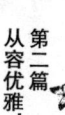

还有一个故事也十分值得人们去思考。

有一个村子盛产鲜花，每个人的家里都有大片的花田。有一个妇人历尽了辛苦从外面找寻到一种非常罕见的花种。这种花在市场的价格非常高。回到家里，她开始把花种拿出来一些种在了院田里。又怕当花开的时候被邻居们发现向她索要花种，于是她把自己家的花墙加高了一尺。第一年，在妇人的精心呵护下，花儿长得好极了，看着满院子紫色的花儿，她笑得嘴都合不上了。这一年，她挣了很多钱。花期过后，妇人把花种搜集好，待第二个种花时节到来后再行播种。邻居们都听说妇人挣了大钱，都问她种的是什么花，妇人支支吾吾地搪塞着，心想："为什么要让你们知道啊，我自己挣钱多好。"每个花期很快就到来了，妇人把去年培育的种子种到了田里，满心期盼着它们成长，再给她带来丰厚的回报。可是事实却让她失望了，花儿虽然长势很好，但是花色却不纯了，原本应该是紫色的花儿却有的带红，有的带黄……这样的花在市场上是卖不到好价钱的。这到底是为什么呢？妇人想了想突然明白了"是花粉"。不错，就是花粉。花儿长成后，风会帮助花粉来给花儿进行受精，这样花儿才会发育出种子。虽然妇人种的都是一种花儿，可是邻居们的家里却有的种黄色的花，有的种红色的花。风的作用把别人家的花粉吹落到自家的花上，自然花就不纯了。想到这里，妇人决定把最原来的花种都拿出来，分给左邻右舍，如果大家一起种就再也不会出现这种情况了。邻居们充满感激地领走了花种。一年又一年，妇人家里的花仍然是紫得炫目，村子里的人也因为这种花都过上了富裕的生活。而妇人也因为献花有功而被推选为村子里的村长……

人生就是这样，觉得获利的时候不一定就是好事儿，觉得吃亏的时候也不一定是坏事。独乐不如众乐，有钱不如大家一起赚，不但收入有增无减，而且还为自己赢得了大家的信任。在人际交往中，多为别人想三分，也是在为自己加一分。生意不成友情在，人生处处是机遇，没准什么时候你在前一秒积下的福报在下一秒就得以实现了。总之，女人要真想在人际交往中做到左右逢源，八面玲珑，这个道理是不能不懂，不能不遵的。

## ◎ 人际交往的最佳距离是多少

在这个世界上，从一方面讲，有的人热情如火，也有的人腼腆沉默；有的人性格开朗愿意与人相处，也有的人性格内向，孤僻自守，不喜与人往来。从另一方面来说，两个人关系好自然愿意靠得近；两个人不相识自然离得远。当然，人际距离有的时候也会因环境的约束而不得已地做些改动，比如说，在拥挤的公共汽车上，在没有办法做选择的时候，人们通常也会容忍陌生人靠得很近，但是这只是距离感做了转移，人们都在通过躲避别人的视线和呼吸来表示与他人的距离。虽然如此，只要是换一个比较宽阔的环境，人们还是喜欢去恢复该有的距离。比如说，公园里的长椅，同是公园里散步的陌生人。如果有两个长椅，两人就会各坐一个，如果只有一个也会选择坐得远一些。人与人之间是需要距离的，只有当我们了解了交往中的人们需要的自我空间有多大，心理空间有多广，然后再根据这些来做适当的调整，就能寻找到人际交往的最佳距离了。

### 1.亲密距离

这种距离一般在很亲密的朋友或是亲人之间得以体现。人际交往中最小的间隔或几乎无间隔，即我们常说的"亲密无间"。彼此相隔距离在 15 厘米之内，可能肌肤相触，耳鬓厮磨，以至相互能感受到对方的体温、气味和气息。稍远一些的范围也不过在 15~44 厘米之间，可能挽臂执手，或促膝相谈。这种亲密不仅表现在外在的距离上，也体现了彼此之间的心理距离。比如说，相恋的情侣、贴心的朋友、夫妻、母女等。在人际交往中，如果你不属于对方这个距离范围内的人，却要硬性地行之，随意闯入他人不可承受的心理空间，这都是十分不礼貌的，甚至会让对方产生反感。

### 2.个人距离

这种距离一般在熟人与朋友之间得以体现。较亲密距离相比较，较少有直接的身体接触。彼此间距离 46~60 厘米的可维持熟人间亲切地握手，友好地交谈。一般把 76~122 厘米的距离界定为个人距离。所以，如果你是第一次与对方见面，最好不要侵入这个范围之内，对于陌生人之间的谈话最好保持在 122 厘米左右为宜。

### 3.社交距离

这种距离已超出了亲密或熟人的人际关系，而是体现出一种社交性或礼节上的较正式关系。社交距离一般在 1.2~2.1 米之间，适用于工作环境或社交活动中。我们常常在电视上看到国家领导人在会谈的时候，彼此之间总会摆上一个茶几。这个茶几实际上有一种功用就是为了增加距离。在正式场合，如果两个人离得过近，会让彼此都感到十分不舒服。特别要提出的是，在人际交往中亲密距离与个人距离通常都是在非正式社交情境中使用，在正式社交场合则使用社交距离。不要因为对方是你的好友或是熟人就忘乎所以，忽视了社交距离的重要性，这样不仅会使对方难堪，也会让自己成为满场的笑柄。

在社交距离范围内，已经没有了直接的身体接触。所以，在说话时不妨适当地提高声音，让别人能够听得更清楚些。另外，目光交流和适当的点头认可等动作也是不可缺少的。因为它们直接传递了态度，是彼此感情交流的一种方式。

### 4.公众距离

这种距离一般应用于演说者与听众之间。公众距离一般在 3.7~7.6 米，远范围在 7.6 米之外。这个距离范围是一个开放式的距离，几乎可以容纳一切人的门户开放的空间。两者之间基本上不会发生什么联系，但是却很有可能做距离类型上的转变。比如说，演讲者讲到激情之处与台下的一个听众谈话时，他必须要走下台，使两者的距离从公众距离转为亲密距离或是个人距离。

虽然人际距离会因为国家、民族、社会文化的不同而有所不同，但是，就一般情况来说，如果遵照以上四种距离，基本上可以让自己了却"安全隐患"之忧。在人际交往中，女子要时常地给自己提个醒，切莫犯了别人的大忌讳。

## 第五章
## 秀慧女人为人处世方圆有道

社会是由形形色色的人组成的。有的人不爱说话，总是让你的热情碰壁；有的人趾高气扬，好像所有人都长在他们的鼻子底下；有些人目中无人；有些人顽固不化等，如果长时间与这些类型的人交往、相处，你就必须提起十二分的精神，想办法对付这些"难以相处"的人。一通则百通，只要你掌握了其中的诀窍，就会发现有许多事情一瞬间都迎刃而解了。

## ◎ 面对冷硬死板的人，要趣味横生

个性特点：我行我素，面无表情，不善于人际交往，对人情世故很木讷。即使你面带笑容地与他寒暄、打招呼，他顶多会点点头以示听到了，甚至以不理会做回应。

钻"空子"：这种类型的人大多性格内向，一般来说，兴趣和爱好比较少，虽然别人不太了解他们，但是他们仍然有自己的追求和喜好。

而"空子"，正是这难得的特点，如果从此处做文章，就会有成功的希望。别被他们表面的冷硬吓住，每个人都有自己的"软肋"，只要寻找到他们的兴趣点，碰触到他们真正关心的话题，他们就会一改平日死板的表情和态度，表现出相当大的热情来和你畅谈。

女子通常对冷硬死板的人很"感冒"，往往一看到那张阴沉沉的脸，满心的自信就会自动打了退堂鼓。

北风和南风谁都对谁不服气，于是北风提出来要和南风进行一场比赛。正巧街上走来了一个年轻人，身上裹着厚厚的大衣。北风说："这样吧，我们看谁能让他把大衣脱下来，谁就胜了，好不好？"南风同意了。北风心里想，这回我可是赢定了，我的风力比南风大，温度也比南风凛冽。于是，北风撒起欢儿来，肆无忌惮地吹起风来。结果，路上的年轻人在寒风中左右飘摆着，但是身上的大衣却因为冷风的突降，而裹得更紧了。北风费了好大的力气都没有达到自己的目的，气喘吁吁地对南风说："我不行了，你来吧。"南风笑了笑，吹起风来，暖暖的气流吹向年轻人，渐渐地，他感觉到身体暖了。又过了一会儿，他额头上竟然渗出了汗，于是为了消热，年轻人把大衣脱了下来。北风简直不敢相信自己的眼睛，南风赢了。

换个角度去想，也许生活就会给你带来不一样的惊喜，我们有头脑，为什么硬要去以卵击石呢？相较于男子来说，女子更容易与他人建立友好的关系。遇到这种冷硬死板的人，要注意观察，尽可能地从他的言行举止中寻得蛛丝马迹。如果一旦寻到一些头绪，试着提一下，如果对方有些反应，那么接下来的事情就会好办得多了。

有一推销面包的女孩儿，看中了市区最大的一家饭店，她料定如果谈成那将是一块最有价值的"宝玉"。连续四年，她每天都打电话去给该饭店的负责人，可是明显这个人是个冷硬且死板的人，日复一日，他都是用那不变的语调说："对不起，我们不需要。"但是这个女孩不死心，她把这个负责人的行程弄得一清二楚，参加他参加的社交活动，在某个饭店故意和他创造巧遇机会，趁机谈论面包的事。可是她都失败了，自信心遭受了挫折。

可是在一个偶然的机会，她得知该先生是某书法协会的一员，不仅如此，因为他的功底深厚，还被推选为主席。女孩儿高兴极了，就像是一个干渴的人突然发现身边还放着一杯干净的水。有了这个发现，再与该先生交谈时，女孩聪明地把话题扯到书法协会和书法上，那个四年来没被开启的话匣子终于打开了。他还留了一张会员入会申请表给女孩。那一天，虽然女孩儿没有提及面包的事情，但是饭店的工作人员却打来了电话，让她把面包样品和价目表送过去。一切就这样简单地成了。

对于冷硬死板的人，兴趣才是开启他话题的钥匙。所以找寻对方的兴趣点才是解决问题的关键，除此之外，这类人是没什么话题能和你聊到一起去的。在生活中这样的例子很多，比如说，当你看到这种类型的人深情地抚摸着远在国外上学的儿子的照片时，那么你就谈谈他儿子的优秀，他是很愿意告诉你的……每个人的内心都有一块供兴趣的话题生长的空地，只要你能找到它，事情自然就会很容易办成了。

### ◎ 面对傲慢无礼的人，说话要简短有力

个性特点：自视甚高，目中无人，表现出"唯我独尊"的样子。仿佛周围的人都不如他，级别都要比他低。

钻"空子"：正是因为这类人自我认定的高姿态，傲慢无礼的态度，让我们有"空子"可钻。首先，在保证能阐述清楚谈话内容的情况下，尽可能地减少与其交往的时间。把握好自己手中交谈的"砝码"，在能够充分表达自己的意见和态度，或某些要求的情况下，尽量减少他表现自己傲慢无礼的机会。如果你以最少的话清楚地表达了你的要求和问题时，因为他们特有的性格特点，往往会由于少了表现"性格"的机会而不得不认真思考你所提出的问题，从而使事情顺利地进行下去。

傲慢的人，多半有足以傲慢的条件。失去了这个条件，傲慢的，也一反其从前之所为；拥有了这个条件，伪装谦虚者，也会改变其常态。可见，傲慢是后天的，不是先天的，是环境所造成的。对待傲慢且无礼之人，要求说话简洁有力，抛出内容的关键点，至于值不值得，应不应该去做让他自己去寻思吧，不要给他施展"傲慢"的机会。

冯爽到一个韩资企业去面试，在此之前，朋友曾告诉她这家大名鼎鼎的公司办公环境和工作待遇都是一流的。但是，他们的老板却十分的大牌。虽然做好了心理准备，可是冯爽还是紧张着。面试的人很多，好的公司就是不一样，走廊里排满了人。她排在比较靠后的位置，

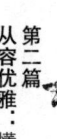

看着一个个求职者进去，又出来，从她们讨论的言语中，她捕捉到了老板是一个超级"拽"的韩国男人，冯爽不由得深吸了一口气。

两个小时后，冯爽终于排到了队伍的最前面。推开办公室的门，让她奇怪的是第一眼没有看到面试的老板，冯爽随即想到肯定是有摄像头之类的东西，正当她忐忑不安的时候，突然传出一句蹩脚的中文："介绍一下你自己吧！"声音来自硕大的老板桌那边。顺着音看过去，冯爽才发现老板椅调得很低，老板懒懒地躺在上面，手里把玩着矿泉水的瓶子，言语中充满了傲慢，甚至有一丝蔑视。冯爽的脑袋一下子大了，经验丰富的她见过很多的大老板，可是却没见过如此傲慢无礼的老板。气愤可想而知，冯爽吸了一口气，然后平静地分别用中文和韩语对这位老板说："收起你没有礼貌的傲慢，调整你的坐姿再和我说话。"她觉得自己是必"死"无疑了，她一定会被"请"出办公室了，一下午的队算是白排了。可是，事情却发生了质的变化，这个刚刚还气得你想去揍他的老板，突然站了起来，非常有礼貌地向她微微点了点头，然后说："冯小姐，抱歉，我的傲慢只是面试中的设计，你是唯一一个敢让我站起来的求职者，恭喜你，你被录用了！"

虽然，这只是布的一个"傲慢无礼"局，可是如果你面对的人像事例中的老板那样，并且是真实存在的，即使他很愤怒，但是大概气焰已经灭了大半了。在生活中，我们肯定会碰到各种各样的人，比如你的老板就恰恰是这类人，取宠献媚是不会解决问题的，反而自污了人格。

密尔登是克伦威尔的秘书，为他写了不少册子。查尔斯就以此为由来讽刺密尔登："你可曾想过你的眼睛所以瞎掉，正巧是因为你帮了杀我父亲的凶手而遭的天谴吗？"对于这种明显的无礼攻击，一般人都会迫于权势而默不作声，但是密尔登却说："我的眼睛瞎掉，这是千真万确的事情。不过假如一切祸害都归于上帝的天谴，那么你要知道，陛下，令尊的头颅也是失掉的啊！"

面对高高在上的人，惧怕只会长了这类人的小人之势。虽然密尔登的话会令皇帝发窘，但是却在告示着人格是不能随便被人侮辱的，即便你是"王"，傲慢无礼的态度也是不应该存在的。当然，对于这类人还是应以少说为妙，本着多做事少说话的原则是最为明智的举动。

## ◎ 面对沉默寡言的人，要直奔主题

个性特点：沉默不爱言语，性格内向，典型的"闷葫芦"，往往让人感到沉闷和压力。这种类型的人一般心事很重，不喜言笑。即使你找话题来说，他们往往也会有一句没一句地回答，如果你问多了，甚至会对你产生反感厌恶的感觉。

钻"空子"：这种类型的人之所以这样，很有可能是出于某种心事不愿多言。所以，女子在与此类人打交道时，简单的寒暄之后就可直奔主题。

女子在与这种类型的人打交道的时候，通常惯用的"没话找话"对他们不起作用，不仅达不到活跃气氛的作用，反而让自己陷入尴尬之地。所以，不妨直接挑明主题才是明智之举。当然，虽然这类人很难搞定，但是也不是完全没有技巧可言。比如说，在谈问题的时候，

以话语引导他，只需他能够明白地表示"是"或"不是"，"行"或"不行"就可以了，把迂回式的谈话方式收起来。如果有两种或两种以上的可能的时候，你不妨直接地问："对于 A 和 B 两种办法，你认为哪种较好？是不是 A 方法好些呢？"既然对方不爱讲话，那么随了他们的意，让他们少讲则为好。

## ◎ 面对深藏不露的人，要维护他的"面具"

个性特点：工于心计，城府极深。无论是面无表情还是微笑以对，都像是戴着面具的人，表面所表现出来的一般都不是他们内心的想法。这类人很会保护自己，他总是把自己的大脑数据库填得满满地，把对方了解得透透的。这样他的心理才觉得是安全的。这类人的通病是你在得势的时候，他会为你锦上添花，当你失意的时候，他落井下石。他根本不懂什么叫真诚，在他们的眼里权势才是最重要的。所以，这种人最好少交往为妙。当然，还有一种走另一个极端的类型，肚子里的墨水很少，对某些事情缺乏了解，拿不出有价值的意见，为了掩饰自己的无知，以一种未置可否的方式，含糊其辞的语气与人交往，并装出一种城府很深的样子。

钻"空子"：第一种类型的人善于在各种矛盾关系中周旋，使自己处于不败之地；第二种类型的人善于伪装，害怕自己的短处被别人揭穿。无论是哪种，极度地自我保护是他们的共同点，只有在"面具"的后面，他们才会感到安全，所以，与这类人相处的时候，要维护他们的"面具"，才不会让他们把你当作自己的敌人。

我们身边一定有许多深藏不露的人，他们不肯轻易让人了解其心思，有时说话甚至不着边际，一谈到正题就"顾左右而言他"。双方进行交流，其目的在于了解彼此的情况，以使事情圆满完成。所以，女子并没有必要踏入这潭浑水，挖空心思地窥探对方的情报，让他的真面目曝光并不是一件好事情。

狮子成了大森林里的王，并任命猴子做它的军师。狮子很受动物的爱戴，大家都认为它爱民如子，又勇敢，又有能力，如果没有它的保护，森林里的动物早就被另一片森林里的野兽吃掉了。所有的动物差不多已经忘记了狮子原本也是食肉的。而狮子也为了维护自己的"光环"，总是在半夜才活动，悄悄地逮点动物吃，解解馋。本来一切都还算平静，可是这件事却被猴子发现了。猴子没有害怕，反而很兴奋，因为它居然知道了英明大王的秘密。可想而知自己的地位是多么的高啊！猴子变得神气起来，甚至威胁起狮子来。狮子为了顾全大局也就做了适当的忍让，可是猴子却不见收敛。有一次猴子和狗熊一起喝酒，到了兴头上居然把这件事说给狗熊听了。狗熊这个高兴啊，因为它早就想成为大王了。不久这件事不胫而走，所有的动物都知道了，并且坚称不能让这样残忍的动物做大王。狗熊顺势说自己是吃蜂蜜的，体格又壮。于是当选成了大王。狮子一气之下吃掉了猴子便离开了大森林。森林里一片欢呼声。可是好景不长，另一片森林的野兽们听说狮子走了，便借机又来入侵，而狗熊空有体格却不会指挥，且自己也胆小怕事，只好找个地方躲了起来。森林里的动物逃的逃，死的死。重回平静之后，狗熊爬出了洞，看见遍地的尸体默默地说："早知道这样，让狮子吃点又能怎样呢？这样倒好，大家都死了……"

狮子是食肉的，它必然会吃掉一些动物。但是从全局来看，利是远远大于弊。多事的猴子何苦要挖出它那一点不见光的原形呢，结果自己被吃了。而狗熊也是为了达到自己称王的目的而把消息散发了出去，它却从来没有想到失去了狮子，它却不具有驾驭的能力，最后只能以悲惨作为结局。狮子就好比是深藏不露的人，不愿意让某些事情曝光从而戴起了面具，当我们也遇到这类人的时候，只需完成自己该做的，比如把预先准备好的资料拿给他看，让他根据你所提供的资料做出最后决断。根本没有必要挖出别人不爱见光的一部分，这对彼此都好。

151

## ◎ 面对精明难缠的人，要随机应变

个性特点：很难相处，很难摆脱，难与别人深交，朋友一般都为酒肉之友。他们有可能是商场上狡猾的竞争对手；可能是乱发脾气的难缠人；可能是欠钱不还的泼皮户，等等。

钻"空子"：这种类型的人点子很多，随时可能爆发出新的主意或是更难解决的问题。与他们相处就要以不变应万变，如果遭受他们的有意攻击、诋毁，你要步步为营，时刻做好抗战准备。

女子与这类人打交道的时候，灵活的头脑是不能少的。随机应变的能力往往会帮助你渡过难头。

有一个女演员，她与大学时代的一个女同学非常不合，所以总想找个理由吵上一架。说来也巧，不久大学同学举办同学会，这个女演员一眼就看到了她的"眼中钉"。于是，她故意走到旁边和其聊天，伺机而动。她们谈起来各地的戏院。"你到过圣堡戏院吗？"女演员问。"去过，而且我还看到了一个非常蹩脚的演员表演，也就是你在此处获得极大声誉的角色。"这个同学回答。女演员的脸色一变，森森地说："那位演员就是我！"女同学转看女演员一眼，心想："糟糕，这回可真是踩地雷了。"可是她灵机一动，以惊讶的口气说："真想不到，在短短的时间内你居然进步得这么快。"女演员的怒火顿时消了大半。

这个女子果然机智。如果当时她表现得大惊失色的话，那么这场蓄意的吵架事件就是不可避免的了。所以，对于难缠之人，即使你很讨厌他，也要尽力地不让他陷入窘迫的地步，否则他会对你记恨更深。西方有句谚语说："与魔鬼交往的通道是由善意铺成的。"也就是说，即使那些难缠的人像魔鬼一样奸诈狡猾，只要具备起码的善意，再加上恰当的技巧，也可以与之和平相处。

### 1.识别动机

这个问题是最关键的。首先你要知道对方的动机为何。如果是好的，那么即使他们的行为让你有点不能接受，但是也要友好地对待。比如说，你的老师为了你能进步得快一些而采取种种方法来对付你，再比如你的上司对你十分严格，但是完全为了工作着想；如果动机是不好的，那么就需要你多做防范了。

### 2.树立良好的形象

与这类人打交道的时候要让对方多说，尽量用提问、复述等方式让对方说，然后在对方说的过程中适当地插入自己的观点，使对方潜移默化地接受我们的观点；不要把自己对对方的喜厌写在脸上。在交谈过程中语调要亲切、自然，让对方感受到你的真诚和温暖。否则，这类人的疑心病就会加重，很可能引发误会或冲突；如果这类人是你的下属，如果他的想法你没有认可，不要都不认同，这样会刺激对方，以至于其负面行为一发不可收拾。反而要表现出自己对他的信任和期待，他就会产生向正面行为转变的勇气和信心；如果对方一开始就看你不"顺眼"，那么大费周张的客套并不具备实质的意义，弄不好他们还会认为你是"黄鼠狼给鸡拜年——没安好心"。但不如实话实说，该做什么就做什么。

**3.对待职场中的"不良"之辈**

职场如战场，女子要本着"害人之心不可有，防人之心不可无"这一金科玉律，才能得以永生。遇到难缠之人，如果你无法改变他去攻击你的做法，只好多备几招以防成为受害者。

（1）如果这个人是你上司，你也还想保住工作的话，就要注意不要把他推到与你相抵触的位置上。要不然，一旦他的心情不佳，你就肯定是他的出气筒。

（2）把同事"分类"。哪个是难缠的家伙，要在心里有数。他们往往重利益，有的高谈阔论，有的则总是不说话，但是他们都有一个通病就是搬弄是非。如果不小心很容易被他捅暗刀。

（3）化被动为主动。当你掌握了全部情报之后，却还想在这个环境中长期待下去，就要采取必要的措施，否则你今后的处境会更糟糕，你应该让那个诋毁你、攻击你的同事知道，你正在做出积极回应。

（4）认清自己的情况。也许你会因为这类人的诋毁而受到了不公平的待遇。委屈吗？忙着哭的时间没有了，现在要做的是摆脱这种状态。

（5）控制事态的发展。不要任由一个小问题又一个小问题地任意增多。蝼蚁尚可溃堤。一味地忍耐只会让你的委屈和气愤积累，到最后你很可能会失去理性让事情更糟，倒不如及时把问题客观地、理性地处理好。

（6）有些东西丢不得。比如说声誉。面对这类人给你造成的困扰不要挂在嘴边，即使你与老板共事在同一间办公室，也不要经常提及。如果时间长了，老板会觉得奇怪"你为什么不能解决问题？"你的工作能力或是为人处世的能力就会遭受质疑。

（7）先支一招。先下手为强也是不错的方法，如果你明确知道某些人要给你制造麻烦，你不妨开诚布公地对他说："对不起，我做的事情可能已伤害到你了。"或者"我可能错了。""战争"当然是能避免的就避免了才好。

## ◎ 面对马虎糊涂的人，要清楚简洁

个性特点：头脑不太灵光，做事马虎，你无论事情说得多么清楚，他们总是因为一开始就没有弄懂你的意思从而使整个谈话内容陷入"不理解"的泥淖中。

钻"空子"：这种类型的人常犯的错误一般有两种：一种是从来不知反省；另一种则是理解能力太差，完全没听懂别人的谈话。针对这些性格特点，你要尽量把"事务"明确化，以激励他打起十二分的精神。

一般让我们有这种感觉的人通常是我们的上司，因为他们在布置工作任务时含含糊糊、笼笼统统，从来没有明确具体的要求；有的既可理解成这样，又可理解成那样，给我们带来了不少麻烦。向他汇报工作，他也往往是听三不听四。有的时候，你还没有把汇报做完，他就定下结论了，弄得下属们无所适从。这种类型的上司，常常会做出一些令人啼笑皆非的事，使身为下属的你不知如何是好。比如说，上面有了新政策，上司带着大家一起开会学习精神。这类人往往只会照本宣科，对你提出的具体内容反而支支吾吾说不出个所以然；对于下属们做的申请、报告等签字确认性的书面文件，没等仔细看完就签上字草草了事等。对于这样的上司，在接受任务的时候，一定要进行详细询问，从具体要求到完成时间、调用人数等，一定要明确地问，有可能的话还要记录在案，让上司核准后再去动手。你去请示工作也不可听了上司的"哼哼哈哈"、"知道了"、"你看着办"之后就去做了，成功了还好，一旦出现了什么纰漏，他就会大发雷霆，指责你的不是。所以，明智的女子要认清，你只是一个执行者，多问问，多请示是十分有必要的。为了避免今后出现类似这样的麻烦，所以在做下属的可反复说明旨意，并想方设法诱导其有一个明白的判断。必要时，用自己的语言去引导上司做出明确的回答。比如说，"你的意思……"，停下，让上司接着说下去。也可采用猜测性判断的语言，比如说，"你的意思是不是……"当你得到上司比较明确的回答后，还要再重复一下用来做进一步的确认。

## ◎ 面对顽固不化的人，要适可而止

个性特点：易钻进"牛角尖"。只要是他认定的，无论你如何说，说什么，他都完全听不进去，坚持己见，死硬到底。

钻"空子"：这种类型的人属于不开化的类型，要想让他们开窍比登天还难，往往累人且又浪费时间，而结果却没有任何进展。因此，与这样的人相处、交涉时，万不可打持久战，要适可而止。否则，谈得愈多、愈久，心里愈不痛快。

意大利流传着这样一个民间故事。一天，一个农夫要去勒城，在路上突然狂风骤起，而后下起了倾盆大雨，几乎无法行走。但是农夫有要紧的事要赶到勒城，于是他冒雨前行。

156

这时，碰到了一个同方向行走的老人，他笑着对农夫说："下这么大的雨你要到哪里去啊？"

农夫回答说："我要去勒城。"

"你至少可以说上一句'上帝保佑'。"老人仍笑着。

农夫停了下来，看了看老人，双眼眨了眨，说："上帝保佑，我要去勒城，无论他保不保佑我都要去勒城。"

老人一听，很不高兴，因为他就是上帝。于是他对农夫说："如果是这样，你就七年以后再去勒城吧，好好反省一下。"说完上帝把手一挥，接着说："现在，你给我跳到那片沼泽里，在那儿安心地待上七年吧。"于是农夫变成了青蛙。

七年过后，咒语解开了。农夫爬到了地面，变回了人形，他第一件事想到的还是要赶去勒城，于是继续赶路。走了一会儿，他又看见了那个七年前把自己变成青蛙的老人，老人仍带着笑容，对农夫说："你到哪儿去，我的好人。"

"去勒城。"农夫仍然答道。

"那么，你能否说一句'上帝保佑'。"上帝心想，经过上次的教训，他一定长记性了。

"如果有上帝保佑那很好，如果上帝不保佑，我也知道会有什么结果，可是我不要别人的帮助，我自己现在就可以跳进沼泽地里。"从此这个农夫再也不会说话了。

这个类型的人是最难应付的，无论你对他说什么他都听不进去，仍会坚持自己的意见。上帝都在这个顽固的农夫身上碰了钉子，我们还要拿出多少精力和时间来和这样的人打交道呢？所以，如果与这类人打交道时，一定要适可而止。如果你不信邪硬要碰硬的话，往往到最后也只会得到一个徒劳无功的结果。

第三篇

## 舌灿莲花：
## 会说话的女人拥有魔力

　　如今，说话技巧变得愈来愈重要。不管女人的容貌有多美丽，只要话说不好，都会让人心生厌倦；反而那些相貌平平的女人，凭着一张会说话的嘴，却能够赢得众人的欢心。如果女人拥有了好人缘，在职场和情场中都会无往不利，更需要知道如何把话说得好又巧。

# 第一章
# 秀慧女人善于发挥口才优势

好口才是事业上披荆斩棘的利剑，是生活上彰显魅力的资本。好口才使女人成为时代的宠儿：在社交场上八面玲珑、光芒四射；在职场中游刃有余、挥洒自如；在情场上应对自如、巧占先机；在家庭生活中温良贤惠、其乐融融。

## ◎ 分清别人的"场面话"

当你需要称赞别人的时候，会夸大别人的优点；当你不忍拒绝别人的时候，会有所保留地应允；当你巧语搪塞别人的时候，会先为对方找个适当的理由。这些话看上去都不够真实，但是它们可以令双方都欣然接受，不会闹出尴尬或者不愉快的场面。凡事都留有余地，为别人，也为自己。因而，场面话便成为人际交往中十分重要的一种现象。

玩转场面话是生存所必需的智慧，这不是欺骗，也不是罪恶，而是人与人交往过程中的技巧。我们要学会在适当的场合下说出正确的

场面话，更要学会分辨别人说的话里，哪些是场面话，哪些是实话。如果将场面话当作实话来听，会令自己陷入自负或失望的境地，到头来仍然一事无成；而如果将实话当成场面话来听，会挫伤说话人的感情，从而影响两人之间的关系。

通常，最常见的场面话有两种：一种是来自别人的夸赞。比如，称赞你的服饰前卫、漂亮；称赞你的工作出色；称赞你的头脑聪明、会办事；称赞你的男朋友优秀，等等。另一种是不会立刻兑现，甚至是根本无法兑现的许诺，诸如"有什么问题尽管来找我"、"我一定尽力"、"我再想想办法"之类。

众所周知，场面话不可信。但是想要避免错信场面话，就要有分辨的能力。场面话人人都会说几句，但并不是每个人都能听得明白，尤其是涉世未深的人，尽管处处小心、步步留意，还是难免会在场面话里栽跟头。

按理来说，第一种场面话应该是最容易分辨的。因为每个人都了解自己，知道自己的相貌、头脑、能力到底处于什么水平，对于那些善意的夸张成分自然就不会认真，不过赚份好心情罢了。然而，我们回想一下就会发现，多数女人都有过被善意的"谎言"夸晕，而作出错误决定的经历。

某天，你与好友或同事一起逛街，在一家小店相中一款连衣裙。店主自然是使尽浑身解数，定要让你相信这条裙子绝对是为你量身定做的，当然价格也不菲。以你的眼光看来也确实挺不错，但仍然犹豫不决。这时，你一定会询问旁边的朋友。俗话说，"旁观者清"，这位朋友的确对它穿在你身上的效果有些想法。假如真的是特别好，那是皆大欢喜。可万一不太好，你也许就只能收获几句场面话了。因为这条裙子是你特别看好的；如果朋友说"不怎么样"、"没有想象的那样好"，便会影响你的心情。何况，人与人的眼光不同，朋友也不愿因自己的眼光害你错过喜欢的裙子。所以，她通常会用"挺好的"、"挺不错"、"挺漂亮的"来答复你。然后，你就会乐颠颠地把裙子买回家。

夜里，当你在老公或父母面前炫耀这条裙子的时候，得到的回答很可能就是"一般"、"还凑合"、"也就那么回事"，等等。而后你再仔细在镜子前面比一比、照一照、看看材质，或许就不像在店里时那么喜欢了。

小小的虚荣心往往使得女人们对于赞美之词照单全收，很少有人能真正冷静下来，认清别人的话里究竟有几分真实。除非是特别明显的吹捧，否则女人们还是会找不着北。以前，卖东西的店家喜欢称呼"小姐"，而如今，美女、仙女、MM 等词汇逐渐流行起来，叫得人心旷神怡。其实，细细想来，这些都不过是场面话而已，盲目地相信是会吃亏的。

如果说在第一种场面话中吃点儿小亏不算什么，那么第二种场面话可就不那么简单了。处理不当不仅会破坏人际关系，还会耽误自己的前程。

一位朋友曾向我讲述过她小时候的幼稚经历：春节时，妈妈的朋友悄悄给了她 100 元压岁钱，并"叮嘱"她千万别告诉妈妈。那时候她的思想特别单纯，竟将这位阿姨的话信以为真，真的没有告诉妈妈。过了几天，她的妈妈去参加朋友的聚会，回来之后便问起这件事，还将她训斥了一通。原来，聚会时，那位阿姨在饭桌上向她妈妈提起压

岁钱的事，本想讨几句感谢的话，没想到她妈妈却一无所知，只得匆忙应付了几句场面话，弄得十分尴尬。

当时，我朋友还觉得特别委屈、特别伤心，怎么都想不通那位阿姨为什么要"当面一套，背后一套"，还在心里默默地想：不就是100元钱嘛，宁可不要也不愿受这样的气。往后她再见到那位阿姨也不愿意打招呼，总是冷着脸。等她渐渐长大了，才明白那时候那位阿姨不过是讲了句场面话而已。

小孩子误将场面话当成真话、实话，只是成长过程中的一个教训，而成年人在工作中若犯下如此错误，就会给自己带来不必要的麻烦。比如，某些人对领导唯命是从，领导安排的每一件工作都尽力完成，从不懈怠，结果在领导眼中却成了死板、教条、不懂变通的人。还有些人将同事的一句"有什么事尽管来问我"当成实话，真的隔三岔五便去麻烦别人，最后只能招人厌恶。想要避免这些失误，就要善于琢磨别人的心思。

卓雅是某家公司的经理助理，头脑灵活、精明能干，特别讨经理喜欢。因工作关系，她常常要与经理一起应付各种饭局。席间，宾客们时常当着经理的面称赞她，经理也表示要好好培养她，逐渐让她接手公司的核心业务。这些话听来固然振奋人心，但卓雅心里明白，不能当真。果然，整整一年下来，那位经理始终没有提起让她学习业务的事。

假如卓雅不懂分辨场面话，误以为经理说的话是对自己未来发展的承诺，而表现出一副积极努力的样子，随时准备接受领导的培养，那么最终就会令她失望透顶。幸而聪明的卓雅在权衡公司的情况时就已明白，如果经理把自己的业务经验传授给她，无疑等于为自己树立了一个竞争对手。所以，老谋深算的经理绝不会这么傻，她也就不必有所期待。

分辨场面话需要常识、经验与阅历，这不是一朝一夕能够练就的。但只要多思考、多留意、多积累，从场合、内容、利害关系等因素来判断，就不难识别话的真假了。

## ◎ 关键时刻要确定自己的观点和态度

相对柔弱的天性使得女人们进行语言表达时往往会给人留下弱势的印象。因为多数女人性格温柔，关键时刻不够果敢，也不够坚定，很难在对话过程中占据主导或上风，偶尔还会被表面的假象蒙蔽，做出错误的判断。所以，有语言学家认为，男性语言体现权力与欲望，而女性语言体现谦恭和附属地位。在公共场合或社交场所，男性会激情地谈论某件事，并掌握话语的主动权，而女性则会选择间接的方式，表达自己的观点。这就使得女人们的话常常不被重视，也就收不到理想的效果。

俗话说："柿子要找软的捏。"某些人正是看到了女人的软肋，才会在交往过程中利用这一点，迫使女人做出让步和妥协。然而有头脑的女人绝不会因此而败在别人的手里，她们懂得坚持自己的底限，也懂得如何反击。在关键时刻，要强硬地表达自己的观点和态度，才能保护自己的利益和权益。

假如在某种场合下，有朋友怂恿你做一件原本不想做的事，而周围与你相仿的女人都已经被打动，你还会坚持自己的观点和态度吗？

我朋友的一个熟人曾在保险公司举办的活动中遇到过这类事情。其实，她根本就不需要购买保险产品，同时她也知道保险推销员在推销产品的时候会吹得神乎其神、天花乱坠，但当她收到保险公司的活动邀请时，还是犹豫了。后来，由于推销员是她的一位朋友，而这位朋友又声称这次机会是非常难得的，全市也不过只有几十人受到邀请，地点又是高级的四星级酒店。她想来想去，觉得不好意思拒绝朋友的好意，再说能在那么高级的地方吃上一顿饭，也算不虚此行。于是，碍于面子和那点小小的虚荣，她还是接受了朋友的安排。

活动果然十分有排场，场面热烈、宾客满座、好不热闹。经过一番狂轰滥炸，她身边的几个女人就有些飘飘然了。最终，这位女士没能躲过朋友的鼓励与其他人的感召，莫名其妙地签下了几万元的意向单。事后，她当然只有后悔，好在还有挽回的时间和余地，她费了很多麻烦和口舌，才甩掉这个包袱。

也许你会说，这位女士还是有钱，付出几万元眼睛都不眨一下，如果没有钱，任凭别人忽悠也是白搭。好吧，那如果别人并不想在钱上占你的便宜，而是其他方面呢？你敢保证自己还会坚持最初的想法吗？

在某些场合下，你的确会受到蛊惑和感染，你还会不好意思翻脸。但稍微的犹豫也许就会让你陷入被动，失掉自己的利益。因此，我们要明白，很多事情是不可以做出让步的。当我们遇到触及自身利益和权益的事情时，就要用强硬的态度来应付。明确地告诉对方什么是你不会去做的，或者什么是你想要去做的，让对方知道你不会傻傻地走进别人设下的圈套。比如，你的同事常常将自己不愿做的工作推给你，或者你的上司想要你充当某个错误的替罪羊，如果你不懂得强硬地表达拒绝与心中的不快，就会被人看成是"软柿子"。

有时候，强硬地表达观点与态度还会使周围的人更加了解你的原则和为人，当别人知晓了你的承受限度，就会采用正确而公正的方式对待你。将别人的歪心思扼杀在萌芽里，既保护了自己，又不会在关键时刻令场面尴尬，何乐而不为。有所为，有所不为，是人之常情。适当的强硬不仅不会给人留下坏印象，还会让别人对你刮目相看。

当然，强硬并不意味着要剑拔弩张，脸红脖子粗的强硬多少显得有些愚笨，笑里藏刀、话中有话才能强硬得恰到好处，又不会破坏氛围，伤害别人。

淘岚是某家公司的部门主管，平日里为了部门利益，少不得要与其他部门的主管打太极。某次，别的部门想要挖走她手下的一名得力干将，对于她这个原本人数就不够的部门来说，无疑是雪上加霜。所以，她根本不可能同意。而对方也料到她的想法，于是通过关系找来人事部门的领导做工作。淘岚很聪明，她知道这类调动不是必需的，基本要看各方的意愿决定，对手不愿与自己直接交锋，而是借用别人的手，就是没有底气的表现。但她还不能直接拒绝，怎么也要给这位人事部的领导一个面子。第二天，她私下对这位领导说，自己的部门实在很忙，如果失去了一员大将，必然会影响公司的日常工作，这个责任谁都负不起。那边的主管找不到合适的人，可以通过招聘等其他手段解决，如果实在想要挖她的人，还可以向公司领导汇报。现在根本不必人事部出面，否则白白辛苦也讨不到什么好处，何必呢。

这位领导看淘岚态度友善，又"处处为自己着想"，同时也带着不会妥协的口气，就索性顺水推舟，下了这个台阶，再也不管了。那位幕后主管也很知趣，从此再也没有提及挖人的事情。

可见，强硬也有强硬的门道。我们的目的是要将自己的决心与意愿传达给对方，维护自己的利益，但不要做得太直接、太过火。不然，闹得各方都不愉快，往后的工作就会变得更加困难。

聪明的女人既不会让自己吃亏，也不会让别人难堪。遇事多给自己一点思考的时间和斩钉截铁的勇气，该拒绝的时候拒绝，该声明的时候声明，不要给别人误解或伤害你的机会。

## ◎ 适时地保持沉默

说起"沉默"二字，很多人首先想到的便是那掷地有声的 4 个字——沉默是金。简简单单的 4 个字传承了很多年，也被人们议论了很多年。关于这种说法，有的人同意，也有的人不同意。但真正懂得这 4 个字的人却不会用"同意"或"不同意"来表达对它的看法，因为它的玄机远不只是表面的意思那样简单。换句话说，沉默究竟是金还是铁，要看具体的情况而定。有的时候沉默的确是金，而有的时候沉默则一文不值。

天性沉默寡言的人大都性格内向、沉闷，可能还有点儿自卑。这类人不管遇到什么事、什么人，都极少在公开场合发表自己的观点，让人摸不透、想不通，也就不怎么讨周围人喜欢。他们在社交活动中常常处于被忽视的地位，生活平庸，朋友也不多。可见，这样的人与成功之间的距离只能越来越远。因而，许多后来人便提倡放弃"沉默是金"的老观念，拼命锻炼自己的口才，使自己能够更好地适应社会生活。

提升口才当然是正确的选择，但假如只重视说话的能力，却忽略了沉默的作用，就会走向另一个极端。这就是为何很多人养成了夸夸其谈的毛病，不看说话的场合与时间，不去想究竟该不该说，而只是不停地说话，好像生怕别人将自己当作一个沉默寡言的人。还有的人为了显示自己的博学多才，喜欢把自己的想法随时随地表达出来，结果不但得不到应有的尊敬，反而让人产生厌恶的情绪。所以，懂得沉默也是会说话的表现之一。在该沉默的时候沉默，不仅不会给人留下沉闷的印象，还能彰显说话者过人的智慧。

女人相较男人来说，情感更为丰富、细腻，感慨比较多，牢骚比较多，就显得喜欢说话。"长舌妇"这个词儿就形象地展现了女人在说话方面的缺点。尽管这个词也可以用来形容男人，但为何当初用"妇"而没用"夫"，显然是因为在多数人的印象中，女人更喜欢到处扯闲话、搬弄是非。

而如今，女人们的素养已经越来越高，也渐渐摒弃了"长舌妇"的陋习。现在我们要做的，就是学会在适当的时候保持沉默。

在情绪激动、欠缺思考的时候，不要说出既伤害别人，又令自己难堪的话。生闷气不是个好办法，但生气的时候只顾用说话来发泄，更不是个好办法。心情起伏难平的时候，说话也是不假思索、脱口而出。愤怒的人只能说出一些狠话、气话、绝话，不仅对解决问题没有半点儿帮助，还会把自己和对方都推到风口浪尖上。情人间的吵架便是很好的例子，两个气昏了头的人彼此不依不饶地互相攻击，最终的结果只能是两败俱伤。而此时，只要有一个人适当地保持沉默，战火便会缓和。等两个人都经过思考再交流，很多问题就会迎刃而解。因此，就算是对方犯下了错误，你也不要急于进攻。事实胜于雄辩，沉默也是如此。

在时机未到时，不要抢了关键人物的话。喜欢说话的女人常常是喜欢抢话说的，这在朋友之间也许算不得什么，可要是在领导面前，就要时刻小心。假如你说了不该说的话，回答了不该回答的问题，甚至是抢了领导想说的话，后果就可想而知了。比如，你与你的直属上级和大领导在一起的时候，大领导提出的工作方面的问题一定要由你的直属上级来回答。如果需要你来回答，你的上级自然会将话题转交给你，不然你就在一旁保持沉默好了。即使他们在话中提到你，你也只需保持微笑。切不可随意插话，或者与你的上级抢话，否则只会给领导留下不知轻重的坏印象。

在被人误解的时候，不要一味地解释、澄清，适度的沉默也可以帮你走出困境。俗话说，"越描越黑"，有些事情越是解释，越容易被人误解。还有些事在当时的场合下根本就解释不清楚，因为对方没有心情听或者根本不会听。这时，不妨暂且保持沉默，等待谎言不攻自破，或者等到对方肯听的时候再解释，效果就会完全不同。

在不明就里的时候，请保持沉默。比如，周围的人心情不好或遇到难题的时候需要安静地思考，也许你的确想要尽力帮助他们，也许你不过是想要说几句话来安慰他们，但你最好克制一下，做个沉默的关注者，给他们更加轻松的环境和氛围。当他们想要倾诉、需要帮助的时候，自然会想到你。如果你不分青红皂白地在他们耳边发出声音，到头来很可能出力不讨好。他们会因此而更加烦躁，而你会因自己的付出打了水漂而埋怨他们不识好人心。

有头脑的女人不仅能言善辩，还懂得在何种境况下保持沉默。因为沉默不只是一种智慧，也是一种宽容、一种姿态、一种风情，蒙娜丽莎的微笑就是最好的证明。

## ◎ 说话时不要过于绝对

分寸意味着标准和限度。凡事无绝对，事情做得太绝，就失去了回旋的余地。说话也是如此，把话说得太绝、太死，只能搬起石头砸自己的脚，讨不到任何便宜。有些人为了强调自己说话的内容，喜欢用"绝对"、"一定"、"肯定"这些带有强烈感情色彩的词语。结果，一旦发现自己的话并不可靠，想要挽救却已经来不及了。而世上没有后悔药可卖，说出去的话就像泼出去的水，是无论如何也收不回来的，只能眼睁睁地看着自己栽跟头，平白无故地得罪人。还有些人说起话来愿意用恶毒的词儿，尤其是生气的时候，更是什么词儿毒说什么，只顾恶语连珠，却不考虑后果。最终，只得闹个鱼死网破，就连道歉或挽回的余地也没有。

说话就像走路，没有哪个人愿意将自己逼入死胡同，所以多数人都是不小心才跑到悬崖边儿上，进退两难。一年前，我的一位朋友与男友吵架，两个人为一点儿鸡毛蒜皮的小事互不相让。这原本是许多情侣间都会发生的问题，脾气发过了，两个人消了气，仍然和好如初。可这位朋友一时间发了狠，说错了话，将男友逼到了绝境。无奈之下，男友只好选择离开，从此再也没有回头。等气消了，朋友才回过神儿来，后悔自己把话说得太绝，竟失去了任何补救的可能。为了几句不着边际的话，就可能错过一个喜欢自己、适合自己的人，多划不来啊。

也许有人会想，我就遇到过好几次这样的事，后来都及时挽回，消除了误会。可你敢保证下一次还能挽回吗？那些狠话就像一把刀子，句句都割在对方的心坎上，而每个人的忍耐都是有限度的，超过了极限就会破碎。所以明智的女人不会让自己养成如此说话的习惯，她们会控制自己的情绪，并恰当地选择措辞。即使生气生昏了头，也只说当前、就事论事，不说其他。

如果说家人之间、好友之间和情侣之间还有原谅的余地，那么在某些场合下，这些话就真的会让你没有退路。

凯蒂曾有过一位合租伙伴，人爱干净，生活很有条理，也没有什么不良嗜好。可两人一起住了不到一个月，凯蒂就有点受不了了。原因就是那位小姐说话太过，仿佛舌头带了刺儿，两人间有点儿小矛盾，她就不依不饶，或拐弯抹角，或慷慨激昂，一定要把话都说尽了才肯罢休。某次，两人为放东西的事儿有点别扭，原本凯蒂不想与她计较，结果那位小姐张口便说："你看你，这么点儿小事也和我过不去，你肯定是看我不顺眼。往后我再也不把东西放在这里了。"凯蒂一听就来了气，明明是她得寸进尺，还武断地说别人看她不顺眼。得了，你也别说这种狠话，咱们在一起住不好，分道扬镳还不行吗。第二个月，凯蒂就搬出了那所房子。后来她才听人说，那位小姐一直不断地更换合租伙伴，自己不过是其中之一。她不仅感慨，要是对方懂得说话时留有三分余地，又怎么会混到这种地步。

大人不计小人过，宰相肚里能撑船。但凡拥有几分度量的人，都不会对别人说出过激的话。那种喜欢将话说得绝对的人多半是没有多大自信，只能通过夸大的说话方式来证明自己。那么，是不是只要不说毒话、狠话就算修成正果了呢？其实，很多时候，我们在工作中也不能把话说得太死。

在职场中打拼的人大都会说些场面话、恭维话、敷衍话，也必然处处小心谨慎，生怕说了不该说的话，答应了不该答应的事。可有时候还是会不经意地说出没有分寸的话，或者在别人的诱导下，答应了自己办不到的事。

在公司的例会上，大家商讨新产品的宣传方案。你刚好对自己的方案特别自信，并且经过观察，你发现自己的方案是所有与会者中最好的，但决策者却迟迟不肯表达看法，其他人也没有表示欣赏的意思。这时，你会不会急于求成地说出"这已经是最好的了"、"你们倒是说说看，还有什么其他更好的方案吗"之类的傻话？

某个同事以朋友为名，要求你帮她处理某项工作，而这项工作不仅令人头痛，很可能连你也无法圆满解决。你本想婉言拒绝这桩差事，可是朋友说"你先看看吧"、"你就试试吧"之类模棱两可的话，你还会忍心拒绝吗？可如果你没能拒绝，她很可能会在你答应"看看"、"试试"之后再追加一句"我等你的好消息"、"那你

就×××时候给我吧"，于是你就在不知不觉中揽下了一桩棘手的差事。假如你不能按时完成，就会背上"说话不算话"的罪名。

工作中会有许多类似的情况发生，令人防不胜防。想要避免在不恰当的时候说出傻话或掉进别人的陷阱，就要在回答之前多给自己一些思考的时间，不要让傻话脱口而出。想清楚事情的来龙去脉与利害关系，就不难做出正确的判断了。

俗话说，计划不如变化快。无论你多么肯定一件事情的结果，都不能把话说得太死。一根绳子中间打了死结，很可能就不能再用。一席话说得太过绝对，只能徒增后悔与感伤罢了。

## ◎ 不要吝啬对同性的赞美

在现代人际交往中，是否会恰当地赞美他人已成为衡量一个人交际水平高低的标志之一。因此，一个人是否具有良好适度赞美别人的习惯，往往决定了他能否能建立一个成功的交际关系网。

其实女人间轻松相处的最简单的方法就是适度赞美自己的同性，比如"你今天的唇膏颜色真漂亮"、"这身衣服配你，真是再合适不过了"。确实，女人喜欢受注目。若想获得一个女人的好感，聪明的女人明白：适度的赞美是必要的，让她知道你是她无须设防的人，你真心把她当朋友，你不会同她争风吃醋。

同在一家公司工作的小田和小雪素来不和，小田觉得小雪是在故意刁难自己，见了自己不是冷冰冰的就是阴阳怪气的。小田想，小雪这样的人就是再聪明能干，也没人愿意理她。

有一天，小田忍无可忍地对另一个同事琪琪说："你去告诉小雪一声，我真受不了她，请她改改她的坏脾气，否则没有人会愿意理她的。"从那以后，小雪遇到小田时，果然是既和气又有礼，不但不再说冷冰冰的刻薄话，反而有时还称赞小田。小田向琪琪表示谢意，并惊奇地追问她是怎么说的。琪琪笑着跟小田说："我对她说：'有那么多人称赞你，尤其是小田，说你又聪明、又大方，人也温柔善良。'仅此而已。"

一句简单的赞美，就轻易地化解了两个女孩子之间的矛盾，由此可见，赞美的力量是非常强大的。如果我们能注意培养自己赞美别人的习惯，那我们在社交中一定会更受欢迎。

赞美别人虽然是个好习惯，但在赞美别人时也要注意技巧，有些笨女人不懂得赞美的技巧，常常是一不小心弄巧成拙。

某公司有位周小姐，她不但长得漂亮，嘴巴也很甜。她的上司是个很优雅的女士，很会搭配衣服，稍一动手就变出很多看似一套套的新衣服。而那位甜嘴巴的小姐却成为这位上司的苦恼。因为，每天早上一到公司，对方那种令人不舒服的赞美就涌入耳中："哇，好漂亮啊！经理又买新衣服了对不对？颜色好漂亮喔，穿在您身上就是不一样。"隔天一见面，又来了："看看看，又一套了，很贵喔，也是新的吧，我就缺这个本事，不像您如此会打扮。"不仅如此，她还习惯当着客户"赞美"上司，说辞几乎都是："在我们经理英明的领导之下，我才有今天的成绩，好多人都问我跟我们经理多久了，其实也没多久，但是经理大人大度，肯教我嘛，对不对？"

后来，上司终于被她过分的"赞美"和不诚的眼神弄烦了，把她调去管理资料，眼不见为净。周小姐的赞美就很有问题，给人感觉太做作、老套又没有赞美到点子上，因而不但没获得经理的青睐，反而被调得远远的。

赞美要自然、顺势，不必刻意为之，过于刻意会显得"另有所图"，可能对方不领情，反而弄巧成拙。此外，也不必用大嗓门赞美，这反而变成酸葡萄，有挖苦的味道了！最好是私下向对方表明你的看法，这种表示方法也比较容易造成双方情感的共鸣。

赞美要看对象。对喜欢漂亮的女孩子你就要赞美她的打扮；有小孩的母亲，最好赞美她的小孩，"慈母眼中无丑儿"，赞美她的小孩"聪明可爱"准没错；工作型的女孩子除了外表之外，也可赞美她的工作绩效；至于男人，最好从工作下手，你可称赞他的脑力、耐力，当然如果他已成婚，也可赞美他的妻子、小孩。

我们每个人都需要赞美，赞美会让对方在心理上得到充分的满足。赞美作为一种交际行为和手段，它的作用在于激励人们不断进步，能够对人的一生产生深刻的影响，能够沟通人与人之间的感情。

## ◎ 学会拒绝自己不喜欢的人和事

钱钟书先生说过："不必花些不明不白的钱，找些不三不四的人，说些不痛不痒的话。"或许我们的拒绝根本伤不了别人的面子，而你又落了个轻松自在，同时也让被拒绝的人了解了你的坦荡和真诚。

很多女人也许是太富有同情心了，往往很难拒绝同事朋友的请求。对社会频繁的人际交往、复杂的社会关系以及一些可有可无的聚会、应酬，总感到应接不暇。

于是老去抱怨："唉，真没办法，真累，真烦……"既然不喜欢，为什么不拒绝呢？她只会露出一脸苦相："说得容易，做着难。都是些同事或是亲朋好友，怎么拒绝？你若能拒绝，人家也会认为你不给面子。"

为什么就不能拒绝呢？聪明女人学会拒绝，就得学会向自己挑战，向我们的面子挑战；学会拒绝，拒绝这种面子，拒绝来自我们内心的自卑、懦弱和虚荣，让自己变得真实、自信、勇敢起来；要学会拒绝，就要敢于对自己不喜欢的人和事大胆说"不"。

某天早上，阿姨打电话来，问嘉仪能不能陪她一起去看拍卖古董。嘉仪说："不！"

中午社区报纸打电话问嘉仪能不能为他们的征文颁奖。嘉仪说："不！"

下午某大学的学生打电话来，问她能不能参加周末的餐会。嘉仪说："不！"

晚上，某报社传真过来问嘉仪能不能写个专栏。她说："不！"

你或许要认为嘉仪是不近人情，可当事人并没有这种感觉。因为，她很讲究方式和技巧。当她说第一个"不"时，同时告诉了她"下次拍卖古董，我会去。至于今天，因为我对家具、器物、玉石的了解不多，很难提出好的建议"。

当嘉仪说第二个"不"时，她说："因为我已经做了评审，贵报

又在最近连着刊登我的新闻，且在一篇有关座谈会的报道中赞美我，而批评了别人。如果再去颁奖，怕要引人猜测，显得有失客观。"

当她说第三个"不"时，她说："因为近来有坐骨神经之苦，必须在硬椅子上直挺挺地坐着，像是挨罚一般，而且不耐久坐，为免煞风景，以后再找机会！"

当她说第四个"不"时，她以传真的方式告诉对方"最近已经刚刚寄出一篇文章，专栏等以后有空再写"。

嘉仪说了"不"，但是说得委婉。她确实拒绝了，但拒绝得有道理。因此能够取得对方的谅解，自己也落得清闲。

愈是想对得起每一个人的，愈可能对不起人，因为精神、时间、财力有限，不可能处处顾及，结果办事情的水准下降，还是对不起人。就算是拼老命地应付了每个人，至少对不起了他自己。

当然，如果能在生活、学习和工作中热情倾力地帮助别人，对别人的困难有求必应，自然更加容易建立融洽的人际关系。可是，有些事情有违你的做人原则和行事底线，还有些事情是你能力之外的，确实有难处，如果答应了，自己难以对付；如果拒绝了，对方肯定会心生怨恨，或者认为你不讲情面。有些时候，你必须给别人的请求一个明确的答复。如果是合乎对方期望的回答还好，但是如果直接表示你的否定，尤其直截了当地说"不"的时候，对方轻则失望尴尬，重则反目成仇，从此不相往来。

## ◎ 会说话是水平，会听话是艺术

说话，通常不是说给自己听，而是说给别人听。所以，不能光顾自己说话，不顾别人的感受。如果不听别人的反馈，不给别人说话的机会，那么即使你说再好听的话也是废话。

约翰和麦克是邻居，两家的花园连在一起，中间只象征性地隔了一道篱笆，而且篱笆非常简易，麦克家的狗可以从那里钻来钻去，这只活泼可爱的小狗有个陋习，那就是经常钻过篱笆，到约翰家的花园里方便。对此，约翰太太有些不高兴，整天清理这些东西，既脏又累。于是，她决定与麦克太太谈谈，让他们管好自己的小狗。

约翰太太来到了麦克家，这时，麦克太太正坐在藤椅上，一个人生闷气。原来，麦克先生昨天忘记了她的生日，没有给她买礼物，而今天早上也没有为此事向她道歉。女人都是小心眼儿的，难怪她生气。这让约翰太太很尴尬，她坐下来，决定陪这位邻居谈谈天。

女人在一起有很多的话可说，而麦克太太又在气头上，更是有千言万语想向人倾诉。她不住地抱怨自己的丈夫如何粗心，如何忽视她的存在，自己的孩子又如何调皮，如何不听管教，以及生活中其他的烦琐小事。而在整个过程中，约翰太太始终微笑着听她诉说，从没有打断她的话，更没有提起自己来此的目的，渐渐地，麦克太太心情舒畅了，两位太太决定一起到花园里散步。

当她们来到约翰家的花园里时，小狗正好在方便，麦克太太非常

尴尬，连忙道歉，并叫出了自己的小狗。约翰太太先安慰她说不要紧，并请她以后看好自己的小狗。麦克太太当即保证，以后再不会有这样的事情发生。

在这个例子中，约翰太太就是通过聆听的方式，表示了对对方的关注，从而获得了对方的好感，在此好感的基础上，她不失时机地提出了自己的要求，麦克太太自然会很爽快地接受。并且，自此之后，两家的关系更要好了，两位太太也经常在一起谈心，成为了亲密的朋友。

试想，如果约翰太太一到麦克家，就直截了当地提出自己的要求，势必会让麦克太太心里更不高兴。麦克太太可能会嘴上答应着，实际上却睁只眼闭只眼的，不会对自己的小狗严加管束，并且，两家的关系也会因此受到影响。对约翰太太来说，这实在是得不偿失的。而通过聆听的方式，约翰太太不仅达到了目的，还获得了邻居的好感，实在是一举两得的好事。

我们要多从一个人的言行举止等方面观察他的性格。要想征服一个人，必须先了解一个人，只有了解了他，才能够说出他爱听的话。其实了解一个人有很多途径，可以先通过熟知他的人了解一下他的性格特征，或者通过自己的观察来了解他。总之，只有先仔细地了解一个人，才能够做到见到什么人说什么话，在什么场合说什么话。

那么，从哪里入手去了解对方的基本情况呢？对方不可能有意识地自我介绍，但是从他的只言片语中也可以得出一个初步的判断。例如，某人谈到他刚刚换了工作，离开了原来那家已经工作了很多年的单位，如果他在谈起这件事情时对原单位没有丝毫的留恋，我们就可以知道他与原单位之间可能产生过不愉快，那么在与他的交谈中，我们当然就不能询问有关换工作的原因了。总之，我们在交谈的初期，要做个特别有心的人，避免触犯他人的忌讳。如果你先当好了一个合格的倾听者，你就很容易和对方保持一致，进而不动声色地推进自己的目标而得到对方的有力支持。

第二章
## 秀慧女人说话有血有肉

"交谈"是人与人之间传递信息，增进波此了解和友谊的一种工具，但是，在交谈中把话说好却不是一件容易的事。要使交谈起到上述的积极作用，你应该培养和提高自己的交谈技巧。智慧女人说话言之有理、言之有物，知道什么场合讲什么、怎么讲。

## ◎ 上什么山，就要唱什么歌

在生活中，我们会发现有人天生有人缘儿，即使在一个陌生的环境，只要一开口，马上就会调动起周围人的情绪，赢得大家的喜欢。这种人缘，符合心理学上的"亲和效应"，这其中共同的奥秘就是：找到相同点，成为自己人。

因为是"自己人"，所以会感到相互之间更加容易接近。而这种相互接近，则通常又会使交往对象之间萌生亲切感，并且更加容易相互接近，相互体谅。

在我们与他人的交往过程中，本来就是"自己人"的好办，多谈谈"咱们自己"的事儿，自然就会形成一个个亲密关系联盟。至于不是"自己人"的，最好也要尽量往"自己人"的方向靠。人类本来就是一个大家庭，若有心寻找共同点，总会有所发现的。

曾获得诺贝尔文学奖的美国女作家赛珍珠在二战期间，曾发表过对中国人民的广播演讲，这篇演讲深深地打动了中国人的心。在演讲中她是这么说的："我今天说话不完全站在一个美国人的立场，因为我也是一个中国人。我一生的大半时间，都消磨在中国。我生下3个月，就被父母带到中国去了。我开口说话的时候，又是先说的中国话。我小时候跟着父母，并没有住过什么通商大埠。十数年间，我们到的地方是浙江、江苏、江西、湖南、安徽、山东各省的小城市、小村庄，清浦、镇江、丹阳、岳州、蚌埠、徐州、南州……这些地方，是我最熟识的。可是我最爱的，是中国的农田乡村。以后我长大了，又在南京住了17年。我曾亲眼看见南京在几年之内，由一个古旧的城市变成一个新式的首都。但是无论我住在什么地方，我与中国人相处，都亲如同胞。因为小的时候，我的游伴是中国孩子；成人以后，来往的又是中国的朋友们。现在我人虽已归故国，心中却没有忘掉旧日的朋友。所以今天我要从这两种地位说话。我既在中国长大成人，又在美国住了多年，受了双方的教育，有了双方的经验，我觉得我是属于两个国家的。"

赛珍珠一再提及中国人熟悉的地名，强调自己与中国人关系密切，对于听众而言，这些熟悉的地方的风土人情和自己的种种经历立刻历历在目，而一个陌生的外国演讲者此时似乎也成了曾经同行的旅伴，国籍的界限模糊了，一种亲切感油然而生。

在交际法则中，要做一个处世高手，一个受人欢迎的人，就应当说话分场合，即所谓"上什么山，就要唱什么歌"。

在什么场合说什么话，是人们在长期交际实践中总结出来的经验。场合就是谈话的社会环境、自然环境和具体场景，具体场景又涉及谈话的时间、空间及周围环境。它们虽然无言，却在言语交际中起到不可低估的参与和影响作用。谈话双方对于话题的选择与理解、某个观念的形成与改变、谈话的心理反应以及交谈结果，无不与场合有直接联系。这就要求女性朋友在谈话时必须估计场合影响，并有意识地巧妙利用场合效应。

正因为受特定人际关系和场合心理的制约，有些话只能在某些特定场合说，换一个场合就不行。同样一句话，在这里说和在那里说也有不同的效果。因此，在人际交往中，女性在说话时一定要注意，说什么，怎么说，要顾及场合、环境，才有利于沟通。不顾及场合的心直口快是不值得提倡的。

小王和小张平时爱逗闷子，几天没有见，一见面一个就说："你还没有'死'呀！"对方也不计较，回一句："我等着给你送花圈呢！"两个人哈哈一笑了事。后来小王因病重住进了医院，小张去医院看望，一见面想逗逗他，又说："你还没有死呀？"这一次，小王变了脸，生气地说："滚，你滚！"把他赶了出去。

人家正在病中，心理压力很大。小张在病房里对着忧心忡忡的病人说"死"，显然是没考虑场合，人家怎能不反感、恼火？其实，小张说这话也是好意，想给对方开开心，只可惜他在思想上缺乏场合意识，不该在这种场合开玩笑，才闹出了不愉快。

俗话说"一句话把人说笑，一句话把人说跳"说的就是这个道理。

这就要求我们在说话时，要注意场合，增强场合意识，懂得在不同场合对说话内容和方式的特定限制和要求，并时时不忘看场合说话。

在喜庆的场合应讲一些轻松、明快、诙谐、幽默的话语，在悲痛的场合应讲一些与场合的氛围相融洽的话语。这是起码的要求。如果不注意这一点，说话就会引起别人的反感。

去别人家做客，要谢谢主人的邀请，并盛赞菜肴的精美丰盛可口，并看实际情况，称赞主人的室内布置，小孩的乖巧聪明……

赴宴时，要称赞主人选择的餐厅和菜色，当然感谢主人的邀请这一点绝不能免。

参加酒会，要称赞酒会的成功，以及你如何有"宾至如归"的感受。

参加会议，如有机会发言，要称赞会议准备得周详。

参加婚礼，除了菜色之外，一定要记得称赞新郎新娘的"郎才女貌"。

184

到什么场合说什么话，需要相当的经验，当你面临着各色各样的场合，面对着各样的人物，一个聪明的女人一定能分清场合，选择最恰当的方式说话，使自己的谈吐既符合场合要求，又考虑到谈话对象的接受心理，最大限度地实现与交际对象的沟通。这样可以为你增添无穷的魅力，使自己成为一个妙语连珠、谈吐不凡、受人欢迎的谈话高手。

## ◎ 学会说出有创意的开场白

与人交往，第一次见面说得好会给人留下深刻的印象甚至终生不忘；而如果说得差，就可能让人反感，这辈子都不想与之打交道。所

以说，第一次见面的交谈最好能一炮打响。

一般来说，开始说话的前几分钟最能吸引听众，原因是：在这最初的几分钟内，每个人都会有意无意地表达真实感觉。卡耐基说："开场白是讲话者向听众最先发送的信息，它如戏曲演出前的开场锣鼓，直接影响到听众的心态。"

中国台湾媒体报道，流行歌星王力宏跟出色的钢琴名家郎朗在中国香港有一场合作演出。原本王力宏以为，郎朗应该是个沉默寡言的"文艺青年"，没想到活泼的郎朗一见到他，就说了一个冷笑话："力宏，你是龙的传人，我是狼（郎）的传人。"这个超冷的开场白，立刻拉近了两个年轻人的距离。同时郎朗也凭借这么一句话，给王力宏留下了好印象。王力宏曾说："郎朗是我见过最好相处，也最热情的古典音乐家！"

事实就是如此，为了给人留下深刻的印象，吸引大家的注意力，在面对面的谈话中，说好第一句话是十分重要的。大家在听你第一句话的时候都很专注，第一句话给人传递的信息就是他对你的大部分评价标准。第一句话结束后，很多人心里就有了要和你继续谈下去还是结束谈话的答案。

然而，要想说好开场白，让陌生人变得不再陌生，首先应当对拜会的客人做些了解，探知对方一些情况，关于他的职业、兴趣、性格之类。

当你走进陌生人住所时，你可凭借你的观察力看看墙上挂的是什么？国画、摄影作品、乐器……都可以推断主人的兴趣所在，甚至室内的某些物品会牵引起一段故事。如果你能把它当作一个线索，不就可以由浅入深地了解主人心灵的某个侧面吗？当你抓到一些线索后，就不难找到开场白了。

如果你不是要见一个陌生人，而是参加一个充满陌生人的聚会，观察也是必不可少的。你不妨先坐在一旁，耳听眼看，根据了解的情况，决定你可以接近的对象，一旦选定，不妨走上前去向他做自我介绍，特别对那些同你一样，在聚会中没有熟人的陌生者，你的主动行为是会受到欢迎的。

如果与陌生人见面，实在觉得不知说什么才好时，不妨以天气为开场白，这也是一个不错的选择。曾经有人这样说过："天气的话题是永远都不会过时的。"很多人在没话可说的时候都会以天气作为开场白，这样做其实是很有意义的。因为人与人之间的交谈与会议上的发言、演讲不同，不需要精心设计的开场白来吸引注意力，而是要从一开始就营造出一种自然放松的谈话气氛，从身边的小事谈起会起到很好的效果。

另外，以闲扯作为开场白，也是不错的选择。闲聊不需要才智，只要扯得愉快就行了。一个人绝非每天都在出席学术研讨会或新闻发布会，所以闲聊就成了与人交谈的重要组成部分。以闲聊作为开场白，不仅对于自己是必要的，而且还能消除对方的紧张心理。交谈即使是从无关紧要的问话开始的，其目的如果是为了使谈话转入正题，那也能发挥出相应的作用来。

善于交际的人，能够巧妙地从对方口中引出有趣的话来。因为在毫无意义的闲谈过程中，不仅自己的紧张心理能得到消除，而且对方的紧张心理也能得到缓解，这样接下来的交流就容易得多了。

不要采用流行语、口头禅作为开场白，如："哇噻！"可能有些女性从身边的孩子身上学到不少惯用的流行语，以为说了这些话就代表跟得上潮流。实则不然。说着一口年轻人的流行语，既幼稚又有失身份，完全背离了初衷，这可不是气质优雅的女性想要给人的印象。

## ◎ 打开人际关系有时需要点"废话"

人与人的交谈中总带有一些"废话"：陌生人相见有礼节性的客套，客人会面要寒暄一番，实质性的话常常用委婉的说法表达出来……这些看来无关紧要的"多余话"，却是人际交往中不可或缺的工具。

人与人之间的交谈其实是一种感情的交流。你想让对方对你畅所欲言，必须首先形成一种兴奋的情绪，使对方的思维展开，这时人的心理才具有容纳性，才容易接受你的观点和劝导。

由此可以看出，"废话"也是人与人建立语言交流的方法之一，是交谈的润滑剂，它能使朋友在某种场合心领意会，让不相识的人相互认识，使不熟悉的人相互熟悉，把单调的气氛活跃起来，为双方进一步的攀谈架设友谊的桥梁。

说好第一句话，仅仅是良好的开端。要谈得有味，谈得投机，谈得其乐融融，双方就必须确立共同感兴趣的话题。有些女性朋友认为，素昧平生，初次见面，何来共同感兴趣的话题？这就要在讲话时仔细观察对方，从他的兴趣、爱好、个性特点，到他的水平和心情处境入手，初次见面要做到一点，就要洞幽烛微，由细微处见品性。生活在同一时代、同一国土，只要善于寻找，何愁没有共同语言？

一次刘小姐在拜访陌生人时，见其墙上挂有"制怒"二字，便知对方有克服易怒缺点的要求。便问道："您平时很爱发脾气吗？"对方答："我很容易冲动，但明知自己有这个毛病，有时却控制不了，为了提醒自己，就写下来挂到墙上，时刻告诫自己。"刘小姐由此话题谈开，先是表示非常理解，继而谈出自己的看法，对方也就同一问题谈出感想，两个人谈得非常投缘，这样就缩短了与陌生人的距离，两人颇有"相见恨晚"之感。有些人在初识者面前感到拘谨难堪，只是没有发掘共同感兴趣的话题而已。

首先要学会在谈话的启动阶段对别人表现出关心的态度。嘘寒问暖的语言是必不可少的，比如："好久不见，最近还好吗？""刚到一个新的环境还能适应吗？""新同事刚来，有什么需要我帮忙的吗？"也许类似这样的语句对于所要沟通的内容并没有什么实质上的意义，但是这样的态度能让交谈的双方都感到放松、自然，谈话也有了继续的可能，尤其是当沟通的内容是不好的消息的时候，这样的谈话氛围就显得更重要了。

## ◎ 用热点话题来打开交际场面

"交谈"是人与人之间传递信息情感增进彼此了解和友谊的一种工具，但是，在交谈中把话说好却不是一件容易的事。要使交谈起到上述的媒介作用，你应该培养和提高自己的交谈技巧。与人谈话最困难

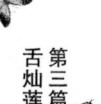

的，就是找话题。

一般在交际场中，第一句交谈是最不容易的。因为你不熟悉对方，不知道对方的性格、嗜好和品性，又受时间的限制，不容许你多做了解或考虑，而又不宜冒昧地提出特殊话题。这就如同我们写文章，如果有了好题目，往往会文思泉涌，一挥而就；交谈也是如此，有了好话题，常能使谈话融洽自如。好的话题是初步交谈的媒介，深入细谈的基础，纵情畅谈的开端。好话题的标准是：至少是一方熟悉，能谈；大家感兴趣，爱谈；有展开探讨的余地，好谈。

选择众人关心的事件为题，围绕人们的注意中心，引出大家的议论，导致"语花"四溅，形成"中心开花"。如某铁路道口，因道口管理人员的失职，致使公共汽车和火车相撞。有人在事故见报后第二天与大伙交谈时，提出这一话题，顿时大家议论纷纷，有的补叙自己所知的情节，有的发表对失职者的处罚意见，有的谈论职业道德的重要……七嘴八舌，十分热闹。这类话题是大家想谈、爱谈、又能谈的，人人有话说，自然就谈得热闹了。

心理学认为，发展和实现人的潜力，是人贯穿一生的活动，生活的中心任务，就是找出尽可能充实的生活方法。不幸的是，就人们的经验或经历而言，由于人们生活在社会中，却常常感到和人相处不好，给自己带来许多不必要的烦恼。每一个人都生活在一定的文化群体或其他机构之中，在某种意义上，社会的每一个部分往往都有其鲜明的人格特征，就是说，每个人都有其特定的方式来行事处世。但是，当你说话时，别人对你的话题感兴趣而且很乐意参与到这个话题当中时，就意味着你们接下来的谈话可能会很愉快。

要找到共同感兴趣的话题并不是很难，首先你要看和你交谈的对象是谁？如果是你的客户，那么你的客户是一个什么样的层次呢？如果是老板类的，那么对于车、房、商业问题都是很好的交流话题。但是如果说是同事的话，一般就是聊一些家常、杂志、新闻类的话题。所以说，想要找到共同的话题，首先你要先了解和你聊天的人是什么层次的人？

比如，和客户谈工作，如客户在工作上曾经取得的成就或将来的美好前途等。

谈论时事新闻，如每天早上迅速浏览一遍报纸，等与客户沟通时首先把刚刚通过报纸了解到的重大新闻拿来与客户谈论。

询问客户的孩子或父母的信息，如孩子几岁了、上学的情况、父母的身体是否健康等。

谈论时下大众比较关心的焦点问题，如房地产是否涨价、如何节约能源等。

同时，选择话题时还要注意选择擅长的话题，尤其是交谈对象有研究、有兴趣的话题。比如，青年人对于足球、通俗歌曲、电影电视的话题关注较多；而老年人对于健身运动、饮食文化之类的话题较为熟悉；公职人员关注的多是时事政治、国家大事，而普通市民则更关注家庭生活、个人收入等；男人多关心事业、个人的专业；而妇女对家庭、物价、孩子、化妆、衣料、编织等更容易津津乐道。

一位小学教师和一名泥瓦匠，两者似乎没有相同之处。但是，如果这个泥瓦匠是一位小学生的家长，那么，两者可以就如何教育孩子各抒己见，交流看法；如果这个小学教师正要盖房或修房，那么，两者可以就如何购买建筑材料、选择装修方案沟通信息切磋探讨。只要双方留意试探，就不难发现彼此有对某一问题的相同观点、某一方面共同的兴趣爱好、某一类大家共同关心的事情。

另外，参加聚会的很多朋友可能还是第一次见面，在这样比较陌生的环境中，最好要选择众人关心的事件为话题，把话题对准大家的兴奋中心，比如最近的食品安全问题，这类话题是大家想谈、爱谈、又能谈的，人人有话，自然能说个不停了。

总之，女性朋友在交际中，抓共同语言，抓共同感兴趣的东西是很重要的，这样才有话可说，才能深入地交往下去。否则，话不投机半句多。在交谈中，循规蹈矩，反使人感到寡淡无味，丧失兴趣。女性应学会和更多的人谈得来，使谈吐优雅大方，妙语连珠。在实践中不断摸索最佳的表达方式，同时，把交际中遇到的有意思的话或事例记下来，日积月累，便会感悟到语言的无限魅力和奥妙。另外，女性朋友还应学会做一个好的听众。当你能与更多的人会心地交谈时，你会达到一种更高的交际境界。

## ◎ 表扬让别人引以为傲的事情

美国哲学家约翰·杜威说："人类本质里最深远的驱策力，就是希望具有重要性。"此话不假，作为一个正常人，每个人都渴望被认可、被肯定甚至被崇拜；当然也没有任何人愿意被他人藐视，每个人都希望获得他人的尊重，而赞美无疑可以使人们的自尊心得到极大的满足，进而使对方感觉到他是一个重要的人。所以，女性朋友要学会一些基本的赞美技巧，并尽量在生活、工作中赞美身边的每一个人。

《红楼梦》里刘姥姥的一段话很有意思。当贾母问她大观园好不好时，刘姥姥并没有直接地回答说"好"。

她首先是念了一声"阿弥陀佛"，然后像讲故事那样说道："我们乡下人到年关，都上城里来买画儿贴。时间长了，大家都说，怎么也得到画儿上去逛逛。想着那画儿也不过是假的，哪里有这个真地方呢？谁知我今儿进这园里一瞧，竟比那画儿还强十倍。怎么也得有人照着这个园子画一张，我带回家去，给他们见见，死了也值得。"

刘姥姥先把乡下人过年买画的习俗说了一遍，如拉家常，接着又说盼望有朝一日到画里去逛逛，通过自己的心愿，侧面烘托图画之美。然后一转，又说不信世上真会有那么好的地方，表面上是怀疑，但其实却是在进一步赞美。接着又一转，说眼前的园子比画上更美。刘姥姥一回答贾母的询问，就竭尽赞美之能事，却又不露痕迹。

而高潮还在后面，在前面"迂回"的基础上，她说希望有人能照着园子画一张，让她带回去，让大伙见识见识，她也荣耀荣耀，还说死也值得。

刘姥姥"迂回"绕弯子，把好处说尽，赞美得自然亲切，末了又让人觉得那样真诚，难怪贾母听了心花怒放。

要恰如其分地赞美别人是件很不容易的事。如果称赞不得法，反而会遭到排斥。为了让对方坦然说出心里话，必须尽早发现对方引以自豪、喜欢被人称赞的地方，然后对此大加赞美。在尚未确定对方最引以为豪之处前，最好不要胡乱称赞，以免自讨没趣。试想，一位原

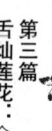

本已经为身材消瘦而苦恼的女性，听到别人赞美她苗条、纤细，又怎么会由衷地感到高兴呢？

因此，女性朋友在赞美别人之前，必须掌握对方的基本情况，如对方的优点和长处，缺点、弱点，还要熟悉对方的爱好、兴趣、人品等，这样才能避免泛泛而谈或者无话可说。通常，自己想要被称赞、希望被认定为优秀的地方，往往会出现在最常见的话题里。也就是说，别人乐此不疲经常提到的话题，或经常展现的学识便是他自以为优越的地方，只要抓住这一点，就能一举制胜。

一位催款小姐到某公司催款已有数次，都没得分文。一次，她在总经理办公室等候，观察到进进出出的人夸他点子好，主意多，总经理本来板着的脸孔会露出得意的微笑，乐颠颠地陷入自我陶醉之中，要是有事求他，他都一一批准，顺顺当当。催款小姐发现了这位总经理好大喜功、经不起吹捧、爱面子的弱点，于是对"症"下起药来。在以后与总经理的交谈中，催款小姐对欠款公司的发展、规模、能量、信誉等展开了评论，讲得有根有据，头头是道，时时透露出敬佩之意，总经理越听越高兴，索性自己滔滔不绝地讲起"治厂经"，这位小姐马上变成了一个耐心的"听众"，偶尔说几句助兴的话，总经理也觉得两人谈得很投机。催款小姐见时机成熟，便恭维说："总经理，像你这么稳重成熟，思考周密，一般人在你这个年龄很难做到啊！"一句话又引得对方把自己的经历和盘托出。最后转上正题，催款小姐叹道："难哪，就像我催款一样，总也不见效，对上面不好交账。你这么洒脱的人，给我办了，有为难之处吗？"总经理先是重复了领导班子有统一意见，不能随便支付欠款的话，但他沉思了一会儿，爽快地拍板说：

"你也跑了好几趟了，很不易，下个周一，你找王副总经理拿款吧！我给打个招呼就行了！"终于，难题迎刃而解。

在一个人的人生道路上，有无数让他引以为自豪的事情。真诚地赞美这些事情，可以使你更好地与人相处；可以使他人感到幸福。对于一位老师，你可以称赞他的教育成绩和他的学生；对于一位母亲，你可以称赞她的孩子很有出息；对于一位老人，你可以赞颂他一生事业的光辉亮点。

无论大小、无论荣辱，每个人都有件很引以为荣的事情希望获得别人的欣赏和赞美，或为朋友上刀山、下火海般赴汤蹈火的英雄气概，或披荆斩棘、力挫群雄获得事业的成功；或卧薪尝胆、头悬梁锥刺股的吃苦劲头。这些充分表露出他们雄心壮志、侠肝义胆的豪情，他们正等待着别人的评价，从而肯定他们不同寻常的人生价值。了解对方引以为荣的事情，是对他进行最贴心的慰藉，也是女性朋友赢得好人缘的最恰当不过的方式。

第三章
## 秀慧女人说话有情有义

> 说话简单，说好了却难。智慧女人说话言之有情、言之有义，能把话说到对方的心窝里，说好听的话，人听人爱，最受欢迎。说话有情有义，能让你结交到更多的朋友。

195

## ◎ 不要吝惜对别人的赞美

美国著名的心理学家威廉·詹姆斯说："人类本性上最深的企图之一是期望被赞美、钦佩、尊重。"渴望被赞扬是每一个人内心的一种基本愿望。所以，当我们在社会生活中，要想在善意和谐的气氛中形成高潮，就应该去寻找别人的价值，并设法告诉他，让他觉得那价值实在值得珍惜，这样我们便等于扮演了一个鼓励他、帮助他的角色。这当然就可能迎来他的真心回馈。

在现代人际交往中，是否会恰当地赞美他人已成为衡量一个人交际水平高低的标志之一。同时，赞美他人，也是为自己树立起一个开明的、善于与他人合作的形象。

2008 年 6 月 8 日，希拉里·克林顿发表演说，宣布总统竞选失败。

一般来说，这种承认自己失败的演说，很难讲好，既不能流露出对对手的怨恨，又不能让自己显得灰溜溜。但是实际情况是，希拉里最后足足讲了 30 分钟，其间有几十次的掌声和欢呼，尽管是退出选举，但是仍然像一个胜利者一样。

希拉里对奥巴马的赞美之词，简直无以复加。谁能想到几个星期前，两人还在互相攻击。希拉里说：

"我们的战斗还将继续，我们的目标还没有完成，让我们继续用我们的能力、我们的热情、我们的力量、我们能做的一切，帮助巴拉克·奥巴马，让他成为美国的下一任总统。

"今天，当我停止自己的竞选活动，我向他祝贺胜利，为他的优异表现喝彩。我完全支持他，我将尽全力支持他。

"我在竞选中，曾经同他面对面辩论了 22 次。我对他很了解，我亲眼看到了他的力量和决心，他的优雅和勇气。

"作为人类，我们没有人是完美无缺的。这就是为什么我们彼此需要。当跌倒的时候，我们彼此扶持。当灰心的时候，我们互相鼓励。一些人会成为领导者，另一些人将紧紧跟随，但是没有人能够独自完成这一切……"

在某些时候，"赞美对手"是一个人必须要撑起的场面。大多数政治家都深谙此道，他们展示给人们看的，都是相互拥抱、握手，相互热情洋溢地把对方抬起来的画面，这是一种风度，也是一种必需的手段。生活中的小女人，赞美别人，则是你一条极为实用的生存之道。

办公室里，沉闷紧张的气氛之下，赞美是最好的润滑剂：

某个同事刚好成功地完成了某项任务，或者顺利出差回来，别忘了恭贺他们：

"你真行，难怪老板器重你!"

"你的干劲实在值得我们好好学习!"

"旗开得胜，看来下一个任务又是你的囊中物了!"

这些说法并非是做人虚伪，这是一门艺术。在这个社会上，会说恭维话的女人，肯定比较吃香，办事儿顺利也就顺理成章了。当一个人听到别人的恭维话时，心中总是非常高兴，脸上堆满笑容，口里连说："哪里，我没那么好，""你真是很会讲话!"即使事后冷静地回想，明知对方所讲的是恭维话，却还是没法抹去心中的那份喜悦。

会做人的女性，也不要忽视了对同性的赞美。

女人通常视同性为天敌。正像一则笑话所讲：两对男女迎面走，男人看女人，女人也看女人。女人一般不把男人看作对手，所以，女人的敌人最终还是女人。女人吝啬对女人的赞美，女人轻蔑自己的同类。

其实女人间轻松相处的最简单的方法就是适度赞美自己的同类。确实，女人喜欢受注目。若想获得一个女人的好感，聪明的女人明白：适度的赞美是必要的，让她知道你是她无须设防的人，你真心把她做朋友，你不会同她争风吃醋。

恭维别人本身是一件很讨好的事，但这也必须有一个限度。

高帽尽管好，可尺寸也得合乎规格才行，滥做过重的高帽是不明智的。赞扬招致荣誉心，荣誉心产生满足感，但人们发现你言过其实时，常常会因此感到他们受到了愚弄。所以宁肯不去恭维，也不宜夸大无边。

过分粗浅的溢美之词同时会毁坏了你的名声和品位。恭维别人首要的条件，要有一份诚挚的心意及认真的态度，言辞会反映一个人的心理，因而轻率的说话态度，很容易被对方识破，而产生不快的感觉。

恭维人的话不能过多，多了对方会不自在，觉得你是虚情假意，你习惯于对每个人都花言巧语，因此而不信任你。恭维过多也不利于交谈，在谈话中频频夸对方"好聪明"、"好有能力"，对方频频表客气，谈话往往无法顺利进行。

经常看到有人在称赞别人时表现出来的那种漫不经心："你这篇文章写得蛮好的。""你这件衣服很好看。""你的歌唱得不错。"这种缺乏热诚的空洞的称赞并不能使对方感到高兴，有时甚至会由于你的敷衍而引起反感和不满。

如果把以上这些话改成："这篇文章写得好，特别是后面一个问题有新意。""你这件衣服很好看，这种款式很适合你的身材。""你的歌唱得不错，不熟悉你的人没准还以为你是专业演员呢。"这些话比空洞的赞扬显然更有吸引力。

## ◎ 聊别人熟悉的话题，避免冷场

在交谈中，避免冷场是谈话双方共同希望的，但万一出现冷场时，你还是要有所准备。很多人在和陌生人交流的时候，因为事先并没有时间和精力去了解对方，因此在交流中往往会出现冷场的局面，这种

局面令大家都很尴尬，因此，我们有必要在适当的时候引出适当的话题，既能让对方明白你的意思，又不至于让双方都变得很尴尬。这种情况特别是在请求人家帮助你做什么事情的时候，更是需要。因为一般你在求人帮助的时候，往往都不是单刀直入的，而是在经过一段时间的寒暄之后才提出来的，这就需要一个技巧和时机的问题，话题该怎么提出来，又该怎么过渡，这也是一个说话的学问。

没话找话说的关键是要善于找话题，或者根据某事引出话题。因为话题是初步交谈的媒介，是深入细谈的基础，是纵情畅谈的开端。没有话题，谈话是很难顺利进行下去的。

茱莉和艾伦是同事，但是互相都不太熟悉，礼拜一早晨，她们聊了起来。

茱莉：哦，上个周末我家可热闹了。我的父母，还有姐姐一家三口，在我家玩了一整天，我又是做饭，又是陪他们玩，他们走后，我又把房间收拾了一遍，可把我累惨了！真想好好休息一下。

艾伦：真是够累的！但是上个周末，我生病了，所以我什么也没做，就在沙发上躺着看电视了，昨晚我看了一场台球比赛，奥沙利文的斯诺克打得太棒了！真是大饱眼福……

茱莉：真的吗？……可惜我错过了……我其实更喜欢音乐。我看了关于爵士乐的录像，我十分喜欢那一类音乐。

谈话就此结束，两个人都觉得很是郁闷，茱莉对台球知之甚少，当艾伦谈到台球比赛时，她感到不舒服，觉得自己很无知，如果继续这个话题，她的这些缺点将暴露无遗。所以，她改变了话题，结果造成了冷场，彼此都觉得很尴尬。

聪明的女性朋友如果能巧妙地接答对方的话茬儿，可以把原来的话题引向另一个话题，使谈话转变一个角度继续进行下去。

刘娜是公司负责某一地区的销售业务员，公司为了加强和客户之间的联系，特举办了一年一度的"工商联谊会"，公司安排刘娜在会议期间陪同她的客户顾某。她们路过一家商场，谈起了商场销售情况。末了，顾某深有感触地说："现在，市场竞争够激烈的。"刘娜接过她的话茬儿说："就是，在你们单位工作的业务员也不少吧？"就这样刘娜既把话题延伸下去，同时又把话题朝向有利于自己的方向发展。

孔子说："道不同，不相为谋。"只有志同道合，才能谈得拢。我国有许多一见如故的美谈。陌生人要能谈得投机，要在"故"字上做文章，变"生"为"故"。

女性朋友要做到变"生"为"故"，首先得看准情势，不放过应当说话的机会，适时插入交谈，适时地"自我表现"，以便让对方充分了解自己。交谈是双边活动，光了解对方，不让对方了解自己，同样难以深谈。陌生人如能从你"切入"式的谈话中获取教益，双方自然会亲近。

许女士到医院里就诊，坐在候诊大厅里，邻座坐着的一位大姐很健谈，大姐主动问她："你是来看什么病的？听口音不像本地人，你老家是哪里的呀？"当她得知许女士是山东青岛人时，很高兴地说："青岛非常美，我以前出差多次去过……"许女士便问："那您在什么单位工作呀？"于是她们亲切地交谈起来，等到就诊时，她们已经是熟悉的朋友了，分手时还互邀对方做客。

熟悉的事物总能唤起人们心中强烈的温馨感和怀旧情绪。当我们与陌生人交谈时，如果尽说一些对方知之甚少的话题，只会使两个人更加疏远；相反，如果能根据对方的背景，多谈一些对方熟悉的事物，则能够经常勾起对方的回忆，使其"爱屋及乌"，对我们产生亲切熟稔之感。

另外，初次的会谈往往因为谈话主题结束，或是因为话不投机而使谈话突然中断，这时女性朋友可以利用身边的事物为话题。其实话题是很容易发掘的，"你家小狗好聪明喔！""这地方的装饰真别致！"只要你多用心去观察，身边的一草一木都可以成为话题素材，这些话题不但轻松自然，还可以拉近你与对方的距离，增进亲切感。

最后，女性朋友在与对方交谈时，还要留些空缺让对方接口，使对方感到双方的心是相通的，交谈是和谐的，进而使双方之间的距离缩短，因此，聪明的女性和对方交谈，千万不要把话讲完，把自己的观点讲死，而应虚怀若谷，欢迎探讨。

201

## ◎ 营造氛围，打开彼此的心扉

渴望友谊，希望拥有更多的朋友是每一个女性的愿望。但朋友都是由陌生人发展而来，人生中相当一部分朋友是萍水相逢时认识的。比如，在风光绮丽的景区、在熙攘喧闹的汽车上，或者别人开的派对中，凭一个会心的微笑、几句得体的幽默话、一个礼貌的动作等，都可以与他人相识。关键是得找出交往的契机，主动伸出友谊之手，打开对陌生人关闭着的心灵之门。然而不是所有的人都是善谈的，有的人比较沉默寡言，虽然有交谈的欲望，却不知从何谈起，这就需要一方改变态度，率先向对方发出友好信号，激起对方的谈话欲望，达到交流的目的。

张萌大学毕业后被某大公司招聘，作为一名新员工，对单位的一切都比较陌生，再加上性格较为内向，因而张萌特别惧怕自己的女老总。可怕什么就来什么，有一天，老总指令要和她一起出差，这可让张萌为难了。在飞机上，她们俩只是出于礼貌简简单单地寒暄了几句，便各自做自己的事了，两人一路沉默无语。张萌心里很不自在、憋得慌，双眼极不自然地乱瞅，怎么也不敢看老总一眼。

张萌心里是很想打破僵局的，可是她生怕自己口拙，不知道从何入题，更怕说错话。忽然，张萌瞥见老总穿的那套职业装有个很明显的商标，于是就说："李总，您这西装真有品位，穿在您身上特别合适，在哪里买的？"

本来只是没话找话说，但老总一听来了精神，说道："这套西装啊，是我上次去广州时买的，这可是个大牌子呢！"老总的话匣子一下子打开了，开始滔滔不绝地讲述自己在服装搭配上的心得，以及化妆方面的技巧，还善意地指出了张萌平时在工作中着装、待人接物等方面的不足，两人一路交谈甚欢。

张萌后来深有感触地说："我无意中露出一句旁侧的赞美，竟能'钓'出她那么多真心的话，给我那么多好的建议，真是没有想到！"

实际上，不管是高高在上的大人物，还是普通人，都需要与他人沟通。只要你掌握好说话方式就能达到意想不到的效果。

每一个人都有自己的爱好、自己的风格，如果我们在说话的时候能够抓住对方的喜好，说别人愿意听、喜欢听的话，就能够起到很好的作用，使你备受别人喜欢。

大家都知道，找对象的时候，首先要求的第一条就是要有共同语言，如果没有共同语言，两个人在一块儿多别扭呀！和人交往的时候，同样是这个道理。在和人家交流时，你得找到与对方共同的话题，和对方发生共鸣，这样和对方的交谈才能够愉快进行。

在赵本山的一个小品里面，赵本山去婚介公司登记找女朋友，到门口一看有个女同志也在，而且都还没轮到自己。两个人尴尬地待了一会儿，赵本山实在觉得尴尬，就试探性地问了一句："你紧张不？"然后两人就说给对方把关，看看写的东西怎么样，再谈到各自的家庭什么的，一直谈到自己征婚的要求，突然发现对方的要求自己很符合。到他们进去的时候两人都觉得没有必要了，他们俩已经相见恨晚了，再多沟通一下可能会发现原来找寻这么多年的他（她）就在面前了。

你看本来他们的话题多朴实、多简单，但是没有想过的事情都发生了。所以，找到一个彼此能够推心置腹的切入点并不是太难。只要你观察仔细，你就会发现你们俩喜欢同样的颜色，看过同样的电影，一样对城市的环境不满意等，这些大的话题是一个永恒不变的主题，你都可以用。

同他人交谈首先要解决好的问题便是尽快熟悉对方，消除陌生。你可以设法在短时间里，通过敏锐地观察初步了解对方：比如，女士的发型、服饰、背包，以及对方说话时的声调及眼神等，都可以给你提供了解对方的线索。如果对方是屋子的主人，了解他便会有更多的依据：墙上挂的画、橱子里放的摆设、台板下的照片、书橱里的书等，这一切都会自然地向你袒露关于主人的情趣、爱好和修养，等等。如果你事先就知道将要同一个陌生人见面，就在见面之前通过别人打听一下这位陌生人的情况，这对于将要开始的交谈是十分有利的。

另外，女性朋友在说话时，要根据说话对象的不同情况来确定自己说话的方向。如果是一个豪爽的人，那你说话就应该豪爽一点；如果是一个内秀的人，说话就应该文明一点，这样大家才会喜欢你。所以，在张口说话前一定要注意观察人。只有有的放矢，才能使人产生一见如故、相见恨晚的感觉。

## ◎ 给下不来台的人一个台阶

我们在说话办事时，有时遇到意外情况使对方陷入尴尬境地，这时，你在给对方提供"台阶"的同时，如能采取某些妥善措施，及时为对方面子上再增添一些光彩，那是最好不过的了，会使对方更加感激你。

一次老同学聚会，大家见面分外亲热，聊得十分高兴。这时，一位男士对一位女士信口开河地说道："你当初可是主动追求我的，现在还想我吗？"按理说，在老友重逢的气氛中，这些话虽然有些不妥，但也无伤大雅。但这位女士由于某种原因心情不好，竟然脸色一变，气呼呼地说："你神经病！谁会追求你这种心理龌龊的人。"她的声音很大，在场的人惊讶地看着她，都觉得很尴尬，场面一下子冷下来。这时，另一位女士站了起来，笑着说："我们小妹的脾气还没变啊，她喜欢谁，就说谁是神经病，说得越厉害越让人受不了，就表明她越喜欢。小妹我说得对吧？"一番话，让大家都想起了大学时的美好生活，不由得七嘴八舌，互相开起玩笑来，一场风波也就平息了。

如果现实生活中你是这样一个女人：善于为你周围的人解围、打圆场。那么，你就可以获得别人更多的赏识和信任，提升自己的人缘魅力。女人在生活中会遇到很多这样的情况，比如，自己的上司处于尴尬局面，自己的朋友和别人争吵不休，这时候你就需要为他们解围、打圆场，使他们不至于陷于尴尬之境，使事情出现转机。

慈禧太后爱看京戏，看到高兴时常会赏赐艺人一些东西。一次，她看完杨小楼的戏后，将他召到面前，指着满桌子的糕点说："这些都赐给你了，带回去吧。"

杨小楼赶紧叩头谢恩，可是他不想要糕点，于是壮着胆子说："叩谢老佛爷，这些尊贵之物，小民受用不起，请老佛爷……另外赏赐点……"

"你想要什么？"慈禧当时心情好，并没有发怒。

杨小楼马上叩头说道："老佛爷洪福齐天，不知可否赐一个'福'字给小民？"

慈禧听了，一时高兴，马上让太监捧来笔墨纸砚，举笔一挥，就写了一个"福"字。

站在一旁的小王爷看到了慈禧写的字，悄悄说："福字是'礻'字旁，不是'衤'字旁！"杨小楼一看心说：这字写错了！如果拿回去，必定会遭人非议；可不拿也不好，慈禧一生气可能就要了自己的脑袋。要也不是，不要也不是，尴尬至极。慈禧此时也觉得挺不好意思，既不想让杨小楼拿走，又不好意思说不给。

这个时候，旁边的大太监李莲英灵机一动，笑呵呵地说："老佛爷的福气，比世上任何人都要多出一'点'啊！"杨小楼一听，脑筋立即转过来了，连忙叩头，说："老佛爷福多，这万人之上的福，奴才怎敢领呀！"

慈禧太后正为下不来台尴尬呢，听两个人这么一说，马上顺水推舟，说道："好吧，改天再赐你吧。"就这样，李莲英让二人都摆脱了尴尬。

一般人在通常情况下，都希望上司能帮助自己解围，其实，对于领导和下属而言，工作上的支持是相互的，处于工作矛盾焦点中的上司，同样也希望自己的下属能在关键时刻为自己解围。

作为上司，在下属面前一般都爱面子，尤其在女下属面前。如果在公共场合遭遇尴尬，那是件非常令人沮丧的事。这个时候，作为下属的你就要站出来，帮上司打个圆场，缓和一下尴尬气氛，上司就会对你这样的下属心存感激。

要想成功地打圆场，可以针对实际情况区别对待，或用幽默的话语转移话题，制造轻松气氛；或肯定双方看法的合理性，找到双方都能接受的解决方法。具体说来，以下两种处理方式都有不错的效果，我们可以根据实际情况灵活运用。

**1.转移话题，制造轻松气氛**

在交际场合中，如果某个较为严肃、敏感的问题弄得交谈双方都很对立，甚至阻碍交谈正常顺利进行时，我们可以暂时让它回避一下，通过转移话题，用一些轻松、愉快的话题来活跃气氛，转移双方的注意力，使原来僵持的场面重新活跃起来，从而缓和尴尬的局面。

**2.善意曲解，化干戈为玉帛**

在交际活动中，交际的双方或第三者由于彼此言语造成误会，常常会说出一些让别人感到惊讶的话语，做出一些怪异的行为，从而导致尴尬和难堪场面的出现。为了缓解这种局面，我们可以装作不明白或故意不理睬他们言语行为的真实含义，而从善意的角度来做出有利于化解尴尬局面的解释，即对该事件加以善意的曲解，将局面朝有利于缓解的方向引导转化。

## ◎ 不要标新立异，一门心思唱反调

中国人有句古话："成人之美，不送人之恶。"可以说，成人之美是美德中的美德，也是我们中华民族的优良传统。反之，在与人谈话中，不但不成人之美，反而拆别人台，与人唱反调，不管别人说得对不对，都要反对一下，使人家的兴致成为泡影，那就注定要遭人唾弃，朋友、同事多半会疏远他。

有位爱尔兰人名叫欧·哈里，上过卡耐基的课。他受的教育不多，可是很爱抬杠。他当过人家的汽车司机，后来因为推销卡车不顺利，来求助于卡耐基。问了几个简单的问题，卡耐基就发现他老是跟顾客争辩，如果对方挑剔他的车子，他立刻会涨红脸大声强辩。欧·哈里承认，他在口头上赢得了不少的辩论，但没能赢得顾客。他后来对卡耐基说："在走出人家的办公室时我总是对自己说，我总算整了那混蛋一次，我的确整了他一次，可是我什么都没能卖给他。"

所以，卡耐基的难题是如何训练欧·哈里自制，避免争强好胜。欧·哈里后来成了纽约怀德汽车公司的明星推销员。他是怎么成大事的？下面是他的说法：

"如果我现在走进顾客的办公室，而对方说：'什么？怀德卡车？不好！你就白送我我都不要，我要的是何赛的卡车。'我会说：'老兄，何赛的货色的确不错，买他们的卡车绝错不了，何赛的车是优良产品。'

这样他就无话可说了，没有抬杠的余地。如果他说何赛的车子最好，我说没错，他只有住嘴了。他总不能在我同意他的看法后，还说一下午的何赛车子最好。我们接着不再谈何赛，我就开始介绍怀德的优点。

前几年若是听到他那种话，我早就气得脸一阵红、一阵白了，我就会挑何赛的毛病，而我越挑剔别的车子不好，对方就越说它好，争辩越激烈，对方就越喜欢我竞争对手的产品。

现在回忆起来，真不知道过去是怎么干推销的！以往我花了不少时间在抬杠上，现在我守口如瓶了，果然有效。"

有的人喜欢用唱反调来表现自己的与众不同。他们常为自己拥有与众不同的一孔之见而自鸣得意。与同事谈话，发表个人见解是可以的，但一味地唱反调，把他人驳斥得一无是处，以示聪明。这样的人即使真的见识高明，也是要不得的。

有这种习惯的人，朋友、同事多半会疏远他，没有人肯向他提建议，更不敢进忠告。也许他本来是很不错的一个人，可不幸的是养成了爱与人抬杠、唱反调的习惯，结果使人不喜欢他。

而有些人差不多已成习惯，专门和别人作对，无论别人说什么，他总要照例反驳。其实自己本来一点意见也没有，不过别人说"是"的时候，他一定要说"不是"，到别人说"不是"的时候，他又要说

"是"了。这是最可怕的习惯，很容易得罪人，而且往往不自知。

有些人自以为比别人高明，凡事都想占上风。然而即使真的见识比别人高明，这种态度也是要不得的。完全不为对方留一点余地，好像要把对方逼迫到无路可走，才觉得满意。或许那些人并没有想要这么做，但实际上却正在这样做。

唯一改善的方法是学会尊重别人，首先要明白，日常谈论的话题十之八九没有绝对的标准，每个人的意见都不一定是对的，别人的意见也不一定是错的，那么何必每次都要反驳别人呢。别人如果提意见，如果不能即刻表示赞同，最低限度也要表示可以考虑，且不可马上反驳。别人和你谈话时，他根本没有准备请你说教，大家说说笑笑罢了。你若要硬作聪明，拿出更高超的见解，对方绝不会乐意接受的。所以，你不必摆出教导别人的架势。要是和朋友谈天更要注意，无谓的意见纷争只会把生活中的乐趣变得乏味。更重要的是，如果把朋友都得罪光了，这个世界上就只剩下敌人了。

我们常听到批评某人"抬死杠"，就是爱与人唱反调的表现，以此来显示自己的与众不同。现在你明白了唱反调是多么愚蠢，那么，希望你能避免与人作对才好。

## ◎ 用耳朵倾听对方的烦恼

说话，通常不是说给自己听，而是说给别人听。所以，不能光顾自己说话，不顾别人的感受。如果不听别人的反馈，不给别人说话的机会，那么即使你说再好听的话也是废话。

对于一个人我们要多从他的言行举止等方面观察他的性格。要想征服一个人，必须先了解一个人，只有了解了他，才能够说出他爱听的话。其实了解一个人有很多途径，可以先通过熟知他的人，了解一下他的性格特征，或者通过自己的观察，来了解他。总之，只有先仔细地了解一个人，才能够做到见到什么人说什么话，在什么场合说什么话。

那么，从哪里入手去了解对方的基本情况呢？对方不可能有意识地自我介绍，但是从他的只言片语中也可以得出一个初步的判断。例如，某人谈到他刚刚和女友分手，结束了交往多年了一段感情，如果他在谈起这件事情时对她的前女友没有丝毫的留恋，说明他们两人间的关系已经决裂，这个时候就不能再去问他对于感情的结束的任何想法，以免引起对方的不快。总之，我们在交谈的初期，要做个特别有心的人，避免触犯他人的忌讳。如果你先当好了一个合格的倾听者，你就很容易和对方保持一致，进而不动声色地推进自己的目标而得到对方的有力支持。

210

## ◎ 尽量保持朋友的谈兴

人们愿意在谈话的时候多发表自己的看法，并不喜欢那些滔滔不绝，却对自己的谈话内容漠不关心的人。那些自己讲话不多，把大部分时间用来认真聆听别人谈话的人，更容易受到别人的欢迎。真正的谈话高手，并不是因为具有雄辩的口才，而是具备聆听他人谈话的耐

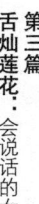

心。在与人交谈的时候，认真聆听，对对方的话题表示感兴趣，实际上是对对方莫大的尊重。只顾自己说话，对别人谈什么漠不关心，无论你听还是不听，我只管自己嘴巴快活，这是一种自私的表现。

维维和温晓琪都是刚刚参加工作的职员，维维是性格活泼不拘小节的人，温晓琪则是细心温和的人。刚进入新单位，开始大家都十分喜欢她们，热心地帮助她们俩。但是渐渐地，情况发生了变化，维维觉得大家都变得不大爱和自己说话了，而温晓琪似乎没有这种烦恼。为什么呢？其实原因很简单，就出在平常她与人交往的每一个细节里。

年轻的同事聚在一起闲谈，通常会聊起哪里有什么好吃的饭店。但是不等别人说完，维维就会迫不及待地突然插话："那有什么好吃的啊，我上次……"或者"对对对，我就吃过……"而温晓琪则会等到同事把话说完，才会很真诚地说："要怎么坐车去那里呢？"或者"第一次去的话，你有什么好的菜推荐……"

每一个讲话者都希望听者对自己的话题和内容做出某种积极的反应，聪明的聆听者，总是会使讲话的人感到被认可，他通过眼神、头部等细微的动作，乃至坐姿把自己对听到的内容的感受和评价传递给讲话者，你的感受是肯定还是否定都能使讲话者感知。

因此，当我们与人交谈时，应积极配合，要学会附和对方。我们应该表现出有兴致的、关心的和赞同的态度，使对方有一种自己被认同的强烈感受。同时，也让对方感觉到，他的话题正在引起我们的兴趣，也暗示我们在注意对方。还可以顺着他的话题，以积极倾听和从容不迫的态度鼓励他继续讲下去，或者为他倒上一杯茶，或者适时表态："我也这样认为。""确实是这样！""你的观点和我的完全相同。"这种心理安抚的行为，似乎示意着一种积极的配合，使对方向你滔滔不绝地讲出内心感受。对于一些细节问题上可以重复对方的语句，以表示重视、肯定和强化其感受："是的，只有当自己也处在这样的境地才能理解别人的难处。"这种语句的重复是对对方的一种重要的心理支持，也是对他高谈阔论的助兴。

"附和"是表示专心倾听对方说话的最简单的信号，体现谈话双方的情感交流。真正用心听取他人谈话时，总会发现谈话中有自己不懂的、有趣的或令人拍案叫绝的地方。如果能够将听时的感想积极地表现出来，随声附和，在谈话中加入"真是这样吗"、"你说的是……"、"为什么"之类的话，定能使对方的谈话兴趣倍增，乐于与你交谈。

当然，附和也不是对对方的每一句话都举双手赞同，自始至终都不说一个"不"字，不发表自己的真实意见。只要我们得体地向别人表示自己的不同观点，不仅不会得罪人，而且还会大受欢迎，使对方知道你是在认真地考虑他提出的问题。因为在日常生活中所涉及所谈论的事情，许多都是没有绝对的是非标准的。只要我们诚恳地表达自己的观点，也许恰恰是从另一个侧面去分析问题，对方一般来说也会通情达理地接受，以完善他的设想。

但是，要想重复对方说的话，也要掌握一定的技巧。重复对方的话，并不是像鹦鹉学舌那样完完全全地、毫无重点地复述，这样也会被对方认为你不尊重他。比如，当对方非常兴奋地和你谈及一件偶然遇到的不可思议的事，在你们谈话间，你用一般的附和语就可以，但如果在谈话停顿时你能说一句："唉，这么巧，真不可思议啊……"那么对方就会觉得你不仅认真听他讲话，还非常能理解他的话和他的心情。

重复对方的话最重要的是要判断哪些是关键的语句，然后你就把你所选择出来的关键语句重复一遍。这样你就能突出重点，简洁、通畅地重复对方的话了。这个时候，能够重复对方的话是对你们谈话起关键作用的因素。如果谈话者听到自己的话被对方重复，就不会产生抵触情绪。

　　另外，记住对方说过的话，事后再提出来做话题，也是表示关心的做法之一。尤其是兴趣、嗜好、梦想等，对对方来说，是最重要、最有趣的事情，一旦提出来作为话题，对方一定会觉得很愉快。

第四章
## 秀慧女人说话有声有色

智慧女人说话要言之有趣，有声有色，这就要拥有一副好的声音，并要为它注入充沛的情感，在与人沟通时要懂得适当地轻松、幽默一下，制造快乐的氛围，这样的交谈才形色俱佳，引人回味。

## ◎ 塑造有魅力的声音

声音一直有着美妙而神奇的力量，尤其对女人来说，如同她的第二张面孔。如果一个女子外表举止很美，说话的声音却不尽如人意，那么她给人的印象就要打一些折扣了。

甜美圆润或浑厚磁性的嗓音，会给人留下美好的回味和遐想，会在第一时间抓住别人的心。聪明的女人会注意自己声音的力度、音阶和速度，就像一个音乐家，时时关注着自己演奏的音乐是否优美动人。温柔的语言、温和的态度、婉转的音调、悠扬的旋律，这些加起来，会使一个面貌平庸的女人变得异常有女人味。

最具魅力的声音是自然、诚恳、充满自信和富有活力的声音，这样的声音会迅速抓住听者的心，让声音形成迷人的风景。

前阿根廷第一夫人埃娃·贝隆被誉为"阿根廷玫瑰"，她用自己的美貌和智慧，不断提升着自己的地位。

少女时代的埃娃并不迷人。她身躯弱小，瘦骨嶙峋。不过，只要细看，就可以发现她容貌的一些动人之处。鹅蛋脸，高额骨，鼻子小巧端正，嘴巴大小适中，牙齿整齐洁白，前额也许太宽了一些，但更显示出天姿聪慧。更重要的是，她在歌舞和朗诵方面展现了自己的天赋。

埃娃离开家乡，到首都布宜诺斯艾利斯闯天下的时候，既没有专业技术，又没有什么特长，只能以伴舞女郎、酒吧歌女、封面女郎、舞台剧中的小角色惨淡度日。后来听从大导演卢卡斯·德玛雷的建议，投考贝尔格兰诺广播公司。

凭着美丽的容貌与优美的声音，埃娃征服了贝尔格兰诺广播公司的主考官们。他们几乎用不着经过任何考虑就录取了她。1939 年 5 月，当埃娃刚刚过完她 20 岁生日时，她的声音第一次传遍阿根廷的大街小巷。

此后埃娃的事业风生水起，几乎成为人们生活中不可缺少的声音。许多人一下班就来到广播公司门口，为的就是见一见这位姑娘。埃娃在舆论界、新闻媒体和公众中的良好形象和巨大的影响力，很快引起了政界的重视。在一些官员支持下，埃娃获得了许多在公众活动中露面的机会。当年乡下的姑娘，现在有机会接触那些曾经遥不可及的大人物，这无疑为她日后成为阿根廷第一夫人，搭起了一道天梯。

声音是女人五官、身材以外另一件犀利武器。一个女人如果拥有柔美动人的声音，虽不能说百战百胜，她前面的路却无疑会宽广许多。

215

女性的声音语调给人们的印象非常重要。美国《今日秘书》杂志中一篇题为《你的语调会妨碍你的前途吗》的文章，曾以旧金山一位办公室女性的经历为例，说明声音语气的重要。这位女士刚从一所有名的商业学校毕业，品学兼优，作为一位办公室工作人员所应具备的水平令人刮目相看。她受雇于一家大公司。上班刚满两星期，忽然接到通知，说她那刺耳又鼻音很重的语调使其雇主不胜其烦，因而将她解雇了。这位失业的女士租了一部录音机，对照自己的发音，反复矫正，终于能用较为悦耳的语调说话了，很快又谋得了一个高薪职位。

女人的声音是可以训练的，这跟女人的形体一样。现在满街都有训练形体的机构，就是没人去开一间训练女人声音的店。这应该是大生意，因为形体再好，声音不好也会遗憾。有些女人形体不错，但一发声，男人就想跑。不少女人认为声音是天生的，由不得自己，这种观点不对。女人不注意声音的培训，往往会使凤凰变乌鸦，失去声音的魅力。所以，女人像训练形体一样去训练声音，不仅能增加女人的自信，而且能在关键时刻帮助女人改变自己的命运。

人的声音是由发音器官来决定的，但是通过科学的发音方法练习，可以弥补声音的先天缺陷，增加声音的魅力。天生就拥有一副好嗓子是非常幸运的事情，但是专业的节目主持人，必须要经过长时间发音练习，改善音质和音色，才能发出准确清晰、悦耳动听的声音。全球公认的最有气质的东方女性靳羽西在刚开始当电视主持人的时候，也找过几位语言专家，向他们请教说话的技巧。

自己的声音要靠自己来训练。如果想知道在别人耳中听到的你的声音是怎样的，可以用录音机，把自己对着麦克风说话的声音录下来，

然后放给自己听。就这样反复地听，反复地练习，用这个办法就能检验自己对声音的训练是否取得了满意的效果。

自然的声音才是悦耳的，你要注意，交谈不是演话剧，无论你是什么样的语音，都应自然流畅，故意做作的声音只能事与愿违。我们所说出的每一个词、每一句话都是由一个个最基本的语音单位组成的，再加上适当的重音和语调。正确而恰当地发音，将有助于你准确地表达自己的思想，使你心想事成，也是提高你的言辞商数的一个重要方面。

## ◎ 让情感注入你的声音

你说话的声音可以让人对你产生极美好的幻觉，也可能会使人产生最恶劣的错觉，它能在你疲倦时，让别人感到你仍"精力旺盛"；即使你七十多岁还使人觉得你仍"充满活力"。

用响亮而生机勃勃的声音与人交谈，会给人以充满活力与精力旺盛之感。当你向他人传递信息时，这一点至关重要。别让人感到你的疲乏，要是你在声音中注入活力，他很可能会受到你的影响振奋起来，声音是会传染的。同时，你的话语中有多少激情，就会激起多少听众的激情。

卡耐基的一名学生叫迪克。他宣称，不用草种或草根就能让土地长出蓝草。据他说，他曾把山核桃木灰撒到刚刚耕好的田里，"呼"地一下，地面就冒出了蓝草。

听他说完，卡耐基指出他的发现可能会让他成为百万富翁，成为有史以来最杰出的科学家之一。因为从未有人发现过这样的奇迹：用非生物创造出生命。卡耐基先生的话显然在表明他的发现是荒谬的，并且在场的其他人也不认可迪克的说法。

但是，迪克却认真而执着，简直是跳着说他没有错，并且告诉大家，他不是在胡说，而是谈他的亲身经历。接着又补充了很多证据，急切笃信之情溢于言表。

卡耐基告诉迪克，他的说法正确性微乎其微。迪克马上又跳了起来，要与卡耐基打5美元的赌，由美国农业部裁定胜负。

此时，有一大半在场的人都站到了迪克那边。卡耐基非常惊讶，忙问这是怎么回事，他们说，原来他们根据常识所做的判断，被迪克充满热情、自信和迫切之词动摇了。

众目睽睽之下，卡耐基只好写信给美国农业部请求回答这个滑稽的问题。自然，回答是否定的。而且农业部的官员还告诉卡耐基，已经有另外一封信写来问他们同样的问题了。

由此，卡耐基得出了一个永远难忘的结论，那就是：如果你对某件事相信到了足够的程度，而且说出时也是热切到了足够程度，就会有人信服你。

大量事实证明，说话的魅力并不在于语言的华丽、讲话的流畅，而在于你是否倾注了感情，表达了真诚！最能推销产品的人并不一定是口若悬河的人，而是善于表达真诚的人。当你用得体的话语表达出真诚时，你就赢得了对方的信任，建立起人际之间的信赖关系，对方也就可能由信赖你这个人而喜欢你说的话，进而喜欢你的产品了。

因此，你向别人介绍你自己的时候，首先应想到的是如何把你的

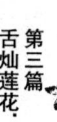

真诚注入言语之中，如何把自己的心意传递给对方。只有当听者感受到你的诚意时，他才会打开心扉，接收你讲的内容，彼此之间才能实现沟通和共鸣。

正如白居易所说："感人心者，莫先乎情。"说话时既以理服人，又以情动人。人是感情动物，语言所负载的信息，除了理性信息外，还有感性信息。这种感性信息，内涵十分丰富，其功能不仅要诉诸人的理智，而且，更要打动人的情感。

绝大多数人都喜欢和热情的人交流，因为大家在不熟悉的情况下，都害怕被拒绝，那是很没有面子的事情。保持你的热情拿出微笑，别人会少了很多的陌生感，心理学家经过调查发现，面带微笑会让别人感到愉悦，并且拉近陌生人之间的距离。而且你主动热情地找到了话题，大家就可以顺着话题说下去，也不必再费尽心思地去找合适的话题了。

热情如火，要让别人看到你的主动，感受你的温暖。这时你就会赢得信任，和别人的交流就容易了。

"言为心声"，口才最重要的是要以情感人，没有感情就等于人没有生命。从表面上看，口才不过是用嘴巴去叙述，而实际上，是用心、用感情去和听众进行交流。当然，感情不可能凭空产生，感情要来源于平时的经历和积累。没有丰富人生情感经历的演员不可能成为出色的演员，同样，没有丰富情感经历的人不可能有丰富的情感语言，所以，一定要注意加强个人的感情积累。

## ◎ 说点玩笑话，制造轻松的场面

女人幽默是非常可贵的，特别在气氛非常紧张和严肃的场合时，一个适当的幽默玩笑可以松弛紧张的气氛，好比打开了一道闸门，压力就此倾泻而出，换来的是融洽的气氛。幽默是社会活动的必备礼品，是活跃社交场合气氛的最佳"调料"。会说话的女人会巧妙地用幽默轻轻拂去可能飘来的一丝不快，改变人们的心情和处境，建构起特有的幽默氛围，巧妙得体地摆脱自己遇到的尴尬场景。

一位名叫阿丽莎的年轻女士花了将近一年时间，去筹划她的婚礼。她和未婚夫把婚礼安排在一个非常漂亮的宴会厅举办，邀请了300多位客人参加这次豪华的婚礼。为了把婚礼办得非常完美，她对每一个细节，比如客人喝鸡尾酒时用什么纸巾这类琐事，都要亲自把关。

婚礼进行得非常完美，直至那块非常昂贵的结婚蛋糕滑落在地。巧克力和奶油溅得满地都是，所有的客人都料定阿丽莎会失声痛哭。可让大家感到惊讶的是，阿丽莎低头看看地上破碎的蛋糕，开始笑出声来，随后就幽默地对大家说道："嗨，我原来是想订一个可占这么大地方的香草兰蛋糕！"

任何人在与别人交往时必然会发生一些不必要的尴尬，在此情况下，你若能从容地开个玩笑的话，你与别人之间紧张的气氛相信就能消失得无影无踪，而且你的同事还会被你的魅力吸引，被你的宽广胸怀感动，进而钦佩你，最后真正接受你。善于运用幽默的人，大多能把幽默的力量运用得十分自如、真实而自然。

幽默是社交关系中所不能缺少的，是女性在社交场合中所穿的"最漂亮的服饰"，它能使陌生人变得熟悉，能给好的关系锦上添花，更能使尴尬的场面烟消云散，恰如当初。

有一次，相声演员马季和赵炎在山东演出。他们正在兴致勃勃地表演相声《吹牛》。台上的灯泡突然闪了一下灭了，台下顿时一片哗然，还有几个人乘机吹起了口哨起哄。只听马季随机应变地向观众说了一句："我们吹牛的功夫真到家，灯泡都被我们吹灭了。"说罢，台下立即报以热烈的掌声，气氛又活跃起来。马季的成功在于他巧妙地将相声的名称"吹牛"与演出现场灯泡熄灭的场景结合起来，用幽默地话语引得听众大笑，从而化解了尴尬局面。

幽默是处理人际关系的一种缓冲剂，在社会交往中，人与人之间难免会发生一些冲撞、误会和矛盾，高尚的幽默不仅可以淡化矛盾、消除误会，还可以表达歉意，或者婉转地加以批评，使人迅速摆脱困境，避免被动尴尬。

幽默使人轻松、愉快、爽心、舒畅。在这样活跃的气氛中，便于人们交流感情，因种种原因造成的隔阂也会随之消失，大家在笑声中拉近了双方的心理距离。有幽默感的女人能激起大家谈话的兴趣，给人带来欢乐。

有一位年近古稀的老人过生日时一家子为老人家设家宴祝寿。正当全家人众星捧月般围坐在老人身旁，一边喜气洋洋地谈笑风生，一边敬酒吃菜。突然听到"叭"的一声巨响，原来是今年准备考大学的孙子碰倒了热水瓶。

孩子顿感手足无措，大家也有大煞风景的感觉。爷爷一惊之后，哈哈一笑说：

"这热水瓶早该碎了，孩子今年考大学，不能停在原来的'水平'上。今天他在这喜庆的日子里，打破了旧水瓶，这不仅像为我的生日放了鞭炮一样，而且也是他考上大学的好兆头，你们说是不是这样啊？"

一席话说得一家老小哈哈大笑，生日喜庆的气氛更加热烈了，摆脱了窘境的孙子也不好意思地跟着大家笑了。

无论何人，只要充分运用自己的睿智，随机应变，用幽默的言辞以缓和窘境，这就是一种成功。它能化冲突为喜悦，变危机为幸运，即使在充满火药味的场合，也可以成为最佳的缓和剂，帮助你摆脱困境。

幽默是健康生活的营养品，是人际关系中心灵与心灵间快乐的天使，拥有幽默，就拥有了爱和友谊，凡具有幽默感的人所到之处，皆是一片欢乐和融洽气氛，他们偶尔说一句幽默的话，做一个滑稽的动作，往往都能引起人们会心的笑声，这种笑除了给人欢乐外，笑还能促进肾上腺素的分泌，加快全身血液循环，使新陈代谢更加旺盛，有延年益寿之功效，"笑一笑，十年少"正是这个道理。

因此，在人际交往中，我们轻松幽默的开个得体的玩笑，可以松弛神经，活跃气氛，营造出一个适于交际的轻松愉快的氛围，因而幽默的人常常受到人们的欢迎与喜爱。

## ◎ 谈吐幽默的女子人缘好

女人不但要温柔、妩媚、聪明，也需要幽默，幽默会使女人更加讨人喜欢。幽默是一种高深的说话艺术，幽默不仅能给周围的人带来欢乐和愉快，同时也可以提高个人的语言魅力，为谈话锦上添花。

英国著名女作家阿加莎·克里斯蒂同比她小 13 岁的考古学家马克斯·马温洛结婚后，有人问她为什么要嫁给一个考古学家，她幽默地说："对于任何女人来说，考古学家是最好的丈夫。因为妻子越老他就越爱她。"这一巧妙的解释，既体现了克里斯蒂的幽默感，又说明了他们夫妻关系的和谐。

英国思想家培根说过："善谈者必善幽默。"幽默的女人魅力就在于：话不需直说，但却让人通过曲折含蓄的表达方式心领神会。二战结束后，英国女皇伊丽莎白到美国访问。当记者问她对美国的印象时，女王回答道："报纸太厚，厕纸太薄。"一句话让记者们哄堂大笑。但笑过之后，人们开始发现了伊丽莎白语言的意味深长。幽默不仅是女人的说话技巧，更是女人的一种智慧，这种智慧中蕴含着一种宽容、谅解以及灵活的人生姿态。

幽默往往是女人有知识、有修养的表现，是一种高雅的风度。大凡善于幽默者，大多也是知识渊博、辩才杰出、思维敏捷的人。她们非常注意有趣的事物，懂得开玩笑的场合，善于因人、因事不同而开不同的玩笑，能令人耳目一新。

据说，当年冯玉祥将军想娶一位夫人。这个意图通过新闻传媒公布了出去。于是，名门闺秀、摩登女郎纷纷赶来"应聘"。选聘夫人这种事完全委托秘书来代理自然不妥，冯将军亲自出面进行"面试"。"面试"的问题也并不难，只有一个："你为什么要选择嫁给我呀？"

第一个答道："因为您是个大英雄，我爱慕英雄！"

第二个答道："因为您是大官儿，和您结婚就是官太太。"

第三个……

来人不少，但面试结果却令冯将军非常失望，这种依附型心理的女性不是他喜欢的。

这时，李德全出现了。且不说气质不凡，回答问题也石破天惊，让人吓一大跳："上帝怕你做坏事，派我来监督你！"

李德全的机智俏皮和风趣马上征服了冯玉祥，两人很快结下了百年之好。

李德全面对婚姻大事，以高度睿智、俏皮风趣的语言表达出嫁给冯玉祥将军的愿望与动机。"上帝怕你做坏事，派我来监督你！"这既需要足够的胆识与魄力，又要有十分的机智和诙谐。

谈吐幽默的女人一般都会有广泛的交际，因为幽默的风格是良好性格特征的外露。幽默感恰如其分、炉火纯青时可以展示一个人良好的形象，让人感受到你的亲和力，使大家都喜欢与你交往。

幽默能激起听众的愉悦感，使人轻松愉快；可活跃气氛，便于双方交流感情，并在笑声中拉近双方的心理距离，让人感觉你很有亲和力，愿意与你交往。幽默还可使矛盾双方从尴尬的困境中解脱出来，打破僵局，使剑拔弩张的紧张气氛得以缓和，使你获得更多的朋友。

作家谌容访美期间，一次应邀到某大学演讲。大学生提出了各种各样的问题，她都给以直率的答复。

当时有人问："听说您至今还不是中共党员，请问您与中国共产党的私人感情如何？"显然，提这样的问题是别有用心的，回答不好会使人处于尴尬的局面。

谌容笑了笑，机智地答道："你的情报很准确，我确实不是中共党员。但是，我的丈夫是个老共产党员，而我们共同生活了几十年，尚未有离婚的迹象，可见，我同中国共产党的感情有多深。"

巧妙而又得体的回答，赢得了一片热烈的掌声。

大家都喜欢跟幽默的女人交往。因为懂得幽默的女人更容易接近，给别人一种亲切感。懂得幽默的女人，身边的人自然会被她睿智的内心世界所吸引，而淡忘了她的外在条件。她散发出来的魅力磁场异常迷人，使周围的人愿意向她靠拢。幽默能显示出一个女人的风度、素养和魅力，能让人在忍俊不禁、轻松活泼的气氛中工作、生活和学习。

幽默可以使女人在交际场上压倒别人，同时也能感染他人，激起高昂情趣，还可以缓解沉闷紧张的气氛，使大家在快乐、融洽、亲切、祥和的氛围中相处。在一个公益性组织举办的舞会上，一个初涉社会的男青年邀请了一位自视甚高的女人共舞。糟糕的是女青年的舞技不熟，几次踩了对方的脚，男青年故作不安地问："哦，小姐，你怎么会答应与可怜的我跳舞呢？"这个女青年听后马上机智地回答说："这是个慈善舞会，不是吗？"幽默的回答使尴尬顿无，二人继续共舞，并结下一段甜美的情缘。

许多人认为幽默是上帝赋予的先天能力，后天无法获得。其实，幽默是可以学习的。生活中幽默无处不在，你得睁大眼睛、竖起耳朵，去观察、去倾听。当你有足够的技巧和用创造性的新意去表现你的幽默时，你就会发现不但自己置身于幽默世界中，人际关系也由此顺畅起来了。

## ◎ 要学会并善于运用幽默

幽默和笑一样丰富多彩，它有善意的、冷酷的、友好的、悲伤的、感人的、攻击性的、不动声色的、含沙射影的、不怀好意的、嘲弄的、挑逗的、和风细雨的、天真烂漫的、妙趣横生的等，这里不论属揶揄也好，属嘲笑也罢，充满同情怜悯也好，纯属荒诞古怪也罢，其意趣必须是从内心涌出，更甚于从头脑涌出的。只有这样，它才有一种生动感、生命感，表现出超卓的心智与心力，展开心灵的温暖与光辉。

幽默感是一种兴致和机智的混合物，富有幽默感的女人，常常能使客厅中充满欢声笑语，有时一个笑话，或是两句妙语，就能驱散愁云，化干戈为玉帛。交谈中恰当地运用幽默语言，能使人在笑声中、轻松中、优美的感受中领略严肃内容的底蕴。

一个人的幽默谈吐，是同他的聪明才智紧密相连的。因此，这就要求我们有良好的文化素养，丰富的文化知识，如果一个人对古今中外、天南地北的历史典故、风土人情等各种事情都有所了解和掌握，再加上有较强的驾驭语言能力，说话就容易生动、活泼和谐趣。古今中外著名的幽默大师，往往又都是语言大师。幽默并不是矫揉造作，而是自然的流露。有人非常有见地，且深有感触地说："我本无心讲笑话，笑话自然从口出。"这句话正说明了这一点。

张大千是我国现代著名的画家，他颏下留长须，讲话诙谐幽默。

一天，他与友人共饮，座中所谈的笑话，都是嘲弄长胡子的。张大千默默不语，等大家讲完，他清了清嗓门，也说了一个关于胡子的故事：

三国时期，关羽的儿子关兴和张飞的儿子张苞随刘备率师讨伐吴国。他们两个为父报仇心切，都争当先锋，这使刘备左右为难。没办法，他只好出题说："你们比一比，各自说出自己父亲生前的功绩，谁父功大谁就当先锋。"

张苞一听，不假思索地张口说道："我父亲当年三战吕布，喝断坝桥，夜战马超，鞭打督邮，义释严颜。"

轮到关兴，他心里一急，加上口吃，半天才说了一句："我父五缕长髯……"就再也说不下去了。

这时，关羽显圣，立在云端上，听了儿子这句话，气得凤眼圆睁，大声骂道："你这不孝之子，老子生前过五关斩六将之事你不讲，却专在老子的胡子上做文章！"

张大千的故事还没讲完，在座的所有人都已经捧腹大笑了。

幽默的能力并不是任何人都有的，但却是人人都可以做到的。比如，掌握一些现成的幽默的语言、逸事、故事之后，不但要做到不为所制，而且更重要的是灵活地、自由地套用它，来说明自己的观点，解决自己面临的困境。这时，要有一种大加发挥的气魄，切忌拘谨。而在发挥时，就不仅是套用了，而是创造幽默了。

227

古今中外浩瀚的书籍中，特别是在讽刺小说、喜剧剧本、漫画集锦、笑话集和寓言等作品中，幽默语言的记述甚多，不妨多多阅读这些作品，可以从中受到启发。此外，还可以多欣赏些滑稽剧、相声、小品等文艺节目，从而开阔眼界，丰富知识。

幽默的人生，是乐趣无穷的。所以，学会和善于运用幽默，会令女人的社交活动更为丰富和快乐。然而，时时处处都幽默是不可能的，也是没必要的，只需要在特定的场合幽默一下子就可以了。那么，你所要做的只是找到一两本笑话全集，或者是在网上敲开一两个笑话网站，然后把其中你认为特别经典的笑话背下来，在适合的场合说出来就可以了。

另外，一个人的幽默感与他的社会活动紧密相连，女性朋友要使自己谈吐风趣，最好的办法是向生活学习。中外无数的大政治家、大思想家、大文豪都是极富幽默感的人，而在我们的周围也不乏开朗风趣之人。跟各行各业的人聊天，你会经常意外地发现他们运用语言之妙，足以令人倾倒。在接近他们的过程中，你会增强自己语言的库存和会话的才能。幽默，也是一种"病"，跟幽默的人在一起待长了，自己就会受到"传染"。

就像所有的表达一样，了解基本规则并不保证就能说出精彩的话、写出动人的文章。著名语言学家吕叔湘先生说过，好的表达，就是适合此时、此地、此景的话，换了别的话不行；适合此次条件的话，下次不一定行。幽默也是如此，此时幽默，彼时会索然无味。貌似平淡的平常语言，用得适宜则妙不可言。

## ◎ 说话的语气不同，效果就不同

语气在和别人谈话中有着重要的作用，有的人说话对方容易接受、愿意接受，有的人说话对方就不容易接受、不愿接受或者很难接受。这其中的原因，大多是由于语气的不同造成的。一句同样的话，如果用不同的语气来说，就会起到不同的，甚至是相反的效果。

一位水果商谈起生意的趣事时说：有很多水果很难从外表去判断它是不是很甜，所以有些客人就问老板："这个西瓜到底甜不甜呀？""你的橘子甜吗？"在这种情况下，如果用暧昧不明的语气回答说："大概很甜吧！或我想不会酸吧!"那么十个客人中定有七八个掉头就走。

但是，同样的货物，如果改用不同的语气表示："如果我这儿的西瓜不甜，哪里还能买到甜西瓜呢？""我这里绝对不卖不甜的西瓜!"奇怪得很，这些货品就能很顺利地脱手。这虽然是商场上推销的口才，事实上如果能运用心理学上的原理，使顾客相信这些西瓜或橘子是甜的，以增加对方的信心，必能达到畅销的目的。所以，我们如想在自己的内心里培植自信，首先得用肯定的方式，这是一个先决条件，只要说"一定不会酸"，而不说："大概不会酸吧。"运用肯定的语气，无疑是获取成功的第一步。

驾驭语气最重要的一条是语气因人而异，语气能够影响听话者的情绪和精神状态。语气适应于听话者，才能同向引发，如是喜悦的会引发出对方的喜悦之情，是愤怒的会引发出对方的愤怒之意；语气不适应于听话者，则会异向引发，如生硬的语气会引发出对方的不悦之感，埋怨的语气会引发出对方的满腹牢骚，等等。

判断说话语气的依据是一个人内心的潜意识。语气是有声语言最重要的表达技巧。掌握了丰富、贴切的语气，才能使我们的思想感情处于运动状态，不时对通话人产生正效应，从而赢得交际的成功。

大部分女人都有说话过于急促、细声细气的毛病。说话的诀窍在于音量适当、语调平稳，速度不缓不急，此举显示你对说话的内容信心十足。利用呼吸换气时断句，可以避免许多不必要的嗯啊等语病，使内容显得流畅、有条理。切忌以疑问句结束陈述事实的语句，以免影响语气的坚定。

譬如，说话时和声细语。这种声和气宛如柔和的月光、涓涓的泉水，由人心底流出，轻松自然，和蔼亲切，不紧不慢，能给听者以舒适、安逸、细腻、亲密、友好、温馨的感觉。人们在请求、询问、安慰、陈述意见时常使用这种声和气。它可以弘扬女性的阴柔之美，尤其是在抒发情感时，这种声和气的运用更具有一种迷人的魅力。还有的女性说话高声大气。这是一种人们用来召唤、鼓动、说理、强调和表达自己激动心情的声和气。它可以表现说话者的激情和粗犷豪放的气质。虽然它和大吼都属于高音频和高调值，但是它通常是用来表示极度的欢喜或慷慨激昂的。还有其他很多种语气，恶声恶气、怪声怪气、低声下气、唉声叹气、有声无气，等等。不同的声和气表达着不同的意思。因此，女性说话时，不仅要注重遣词字造句，更应该选用恰当的声和气。这一点十分重要。否则，再美的词语也会失去光彩，并很有可能引起听者的猜疑、妒忌、不满、反驳、敌视、唾弃和嘲笑。

　　说话离不开语气。在一句话中，不但有遣词造句的问题，而且有用怎样的语气表达，说话才准确、鲜明、生动的问题。语气傲慢者使人反感，语气谦卑者使人喜欢。同样的话，用不同的语气说出来，就会起到不一样的效果，所以，在说话的时候，就要注意自己的语气，不要给人一种傲慢的感觉。

　　选择用怎样的语气谈话，要取决于你所处的场合，你的谈话对象，你谈话的内容目的等各种因素，需要具体问题具体分析。事前意识到讲话语气的作用对你的谈话目的的达成是大有裨益的。

　　例如，"我爱你"这三个字，如果用真挚的语气说出来，那就是满怀着对于自己爱人的一腔真情；如果用油腔滑调的语气说出来，那就是另外一种情景了，所以，一定要注意自己在说话时的语气。

　　同样一句话，不同的语气能表达出不同的意思。灵活运用语气，能大大增加说话的生动性，引人入胜。口才出色的女人，与她谈话简直是一种享受。她们说话时引经据典，诙谐幽默，语气用得恰到好处，引人入胜，就像一个出色的钢琴家，将语言的语气当作钢琴的琴键而随意指挥，弹奏出一曲动人心弦的高山流水。她们对语气的掌握确实是随心所欲、恰到好处了。

　　总之，事情有轻、重、缓、急，语气有抑、扬、顿、挫。女性只有把握了说话语气的分寸，才能使说出的话被对方充分理解和接受，才能收到说话的预期效果。

231

## ◎ 逐客令也要说得委婉动听

有朋自远方来，促膝长谈，交流思想，增进友谊，这是人生的一大乐事。然而，我们的现实生活中也有与此截然相反的情况出现。星期天，你希望能静下心来看看书或做点儿家务事，但总有些不请自来的"沉屁股"、"聊天大王"来打扰你的清静。她可能会絮絮叨叨，没完没了，一再重复你毫无兴趣的话题，越说越起劲。你勉强敷衍，却又焦急万分，想下逐客令却又担心伤感情，常常是难以启齿，左右为难。

但是，如果你经常这样委屈自己"舍命陪君子"，你的时间就会被别人这样无情地浪费掉。你原本的计划也会被打乱。鲁迅说过："无端地空耗别人的时间，无异于谋财害命。"你一定不愿意看到别人对你这样"谋财害命"，那么聪明的女性朋友该怎么办呢？

下班后小姜到领导家求领导帮忙办事，领导夫人热情招待，很有礼貌地端果倒茶。小姜在办完事后，竟然在领导家与领导高谈阔论起来。天色已经很晚了，领导的孩子明天还要上学，需要早点儿休息，领导夫人也很疲倦了。但是，小姜此时说得正来劲儿，也不好直接请小姜出门，怎么办呢？

领导夫人便到厨房收拾了一下家务，然后回到房间对丈夫说："人家这么晚来找你，你快点儿给人家想个办法，别让人家总这样等着。"然后又对小姜说："您再喝杯茶吧。"小姜听出了领导夫人的弦外之音，马上知趣地起身告辞了。

领导夫人的"逐客令"可谓充满人情味。女性若用委婉的语言来提醒、暗示滔滔不绝的客人，既不挫说话者的自尊心，又能让其知趣，可谓两全其美，这种方法更容易让对方接受。

用委婉的语言下逐客令，跟冷酷无情的逐客令相比，这种方法容易被对方接受。例如："今晚我有闲，咱们好好畅谈。但从明天开始我就要全力以赴写职评小结，争取这次能评上工程师。"这两句话的意思是：请您从明天起不要再来打扰我了。"今晚我有闲，咱们好好畅谈"只是表达对客人的一点礼貌，是软拒先纳的一种策略而已。又如："最近我女儿要考学，学习时间很紧，吃过晚饭就得复习，咱们是否说话得轻一点儿？"此话虽然用的是商量口气，但传递的信息十分明确：你的高谈阔论有碍孩子的学习，还是请你少光临为妙吧！再如："这是我第一次发表的文章，请您指正。我想今后尽量多挤些时间爬格子，我还年轻，真想有所作为啊。"这番话似乎很尊重对方，但"请您指正"只是虚晃一枪，而"真想有所作为"的感叹却是在提醒对方：请你今后别再来纠缠不休了。

说话含蓄，是一种艺术。同样的意思，换一个角度，委婉含蓄地把话说出来，会让听者觉得受用，同时，在一定程度上顾全了被拒绝者的自尊心。

晚饭后，几位青年人去拜访某教授。谈到夜深，教授接着青年人的话题说："你提的这个问题很值得研究，明天我去县城参加一个学术会，准备就这个问题找几位专家一块儿聊聊。"几位青年立刻起身告辞："很抱歉，不知道您明天还要出差，耽误您休息了。"

教授明天出差，要早点儿休息，但碍于情面，不好直言辞客，而

233

接过对方话题一兜，即达到了辞客的目的。话语委婉得体而不失礼仪。由此看来，说话兜圈子，有时候确实是必不可少的，它能起到直言快语所不能起到的作用。

在拒绝的过程中，除了技巧，更需要的还是发自内心的耐性与关怀。若只是敷衍了事，对方是可以感受得到的。但以热代冷，既不失礼，又能达到"逐客"的目的，效果之好，不言自明。用热情的语言和周到的招待来代替冷若冰霜的表情，让好聊者在"非常热情"的主人面前感到多有打扰、不好意思。

当然，对于个别极不知趣而又爱贪便宜的饶舌常客，以热代冷法只能是白费精力，空耗钱财。这时，精明的女性不妨主动出击、先发制人，以积极姿态堵住饶舌常客的登门来访之路。比如，你可以看准他一般是在每天何时到你家的，在他来访之前20分钟先主动"杀"上门去，"你多次去我那儿玩，我还没有到你家来过，说起来都有些失礼"。于是你由主人变成了客人，他则由客人变成了主人。

这样，你就争得了掌握交谈时间的主动权，想何时回家，就何时告辞。"最近我们单位的业务量加大了，明天还得早点儿上班，改日再谈吧！"更重要的是，你杀上门去的次数一多，他就被你死死堵在自己家里，原先每晚必上你家的行为定式就有望改变。过了一段时间，你"班师回朝"之后，他很可能不再重蹈旧辙。

总之，你的"逐客令"要有高超的语言技巧，把"逐客令"说得美妙动听。既不要伤害"沉屁股"的自尊心，又能让他知趣，这样才能两全其美。

## 第五章
# 秀慧女人说话有滋有味

　　智慧女人说话言之有味，轻声细语，措辞巧妙，从她们的言语中便能够体味到她们的智慧与豁达。女人说话不仅要有品位，更要有滋味，因为只有这样才能让人欣赏，让人喜欢。

## ◎ 在谈吐中培养优雅气质

　　优雅的谈吐就像整洁的仪表，会使人觉得十分愉快。如果你能习惯运用文雅的辞令，即使偶尔开个玩笑，说些俏皮话，对方仍旧能够感受到你内在的涵养、气质，而乐于与你交谈。

　　相反地，如果你行为举止草率，满口粗语，则会让对方认为和你谈话是件辛苦的事，甚至是浪费时间。因此，平日应该练习谈话的技巧和优雅的举止，给对方留下良好的印象。

　　一个女人所说的话是否有魅力，直接影响到她是否对对方具有吸引力，也关系到她是否具有良好的人缘，同时还影响到她能否自如地与别人说话，并表现出足够的自信。谈吐优雅的内容是十分广泛的，所说话的内容，说话时的遣词造句，说话的语气、语调，说话时的身姿、手势、表情等，诸如此类的种种因素都可以反映出一个女人说话是否有魅力。

态度大方、谈吐优雅的女性，身上仿佛有一种神奇的"气场"，即使初次见面的人，也会被她所吸引，而她本人也会因之拥有更好的舞台和更大的空间。

要想做一个有魅力、谈吐优雅的女性，首先就必须培养自己良好的说话的风度。所谓说话的风度，是一个女人的内在气质在言语上的表现，是一个人的涵养的外在表现。使自己的说话具有风度，是增强自己说话魅力的重要途径。良好的说话风度，往往具有很大的吸引力。但是同时要注意，你也不要为了风度而风度，结果让自己反而显得矫揉造作或搔首弄姿，毫无风度可言。你应该按照自己的个性、身份，以及说话的对象和说话的场合，适宜地讲究自己的风度。

女人在与人谈话时应该知道：不要揭露他人的隐私，更不要随意"攻击"别人。这才是真正的优雅。

有一位女施主，家境非常富裕，不论其财富、地位、能力、权力及漂亮的外表，都没有人能够比得上，但她却郁郁寡欢，连个谈心的人也没有，于是她就去请教一位禅师，如何才能具有魅力，以赢得别人的欢喜。

禅师告诉她道："你能随时随地和各种人合作，并具有和佛一样的慈悲胸怀，讲些禅话，听些禅音，做些禅事，用些禅心，那你就能成为有魅力的人。"

女施主听后，问道："禅话怎么讲呢？"

禅师道："禅话，就是说欢喜的话，说真实的话，说谦虚的话，说利人的话。"

女施主又问道："禅音怎么听呢？"

禅师道："禅音就是化一切音声为微妙的音声，把辱骂的音声转为慈悲的音声，把毁谤的声音转为帮助的音声，哭声闹声，粗声丑声，你都能不介意，那就是禅音了。"

女施主再问道："禅事怎么做呢？"

禅师道："禅事就是布施的事，慈善的事，服务的事，合乎佛法的事。"

女施主更进一步问道："禅心是什么心呢？"

禅师道："禅心就是你我一如的心，圣凡一致的心，包容一切的心，普利一切的心。"

237

女施主听后，一改从前的骄气，在人前不再夸耀自己的财富，不再自恃自我的美丽，对人总是谦恭有礼，对眷属尤能体恤关怀，不久就被夸为"最具魅力的施主"。

最重要的是对人要尊敬，要诚恳，要设身处地为别人着想，也就是谈话时要掌握分寸，避免任何可能伤害别人的成分。即使对方确有缺点也不可抓住不放，喋喋不休，礼貌的做法只能是委婉批评，适可而止。总之，不论谈话内容如何，只要你对别人尊敬，就能得到相应的回报。

人生在社交中度过，话语交流伴随着人生的每一刻，每个人都时刻在实践着话语交往，优雅的谈吐不仅是你生活的调味剂，而且是你事业的推进器。

## ◎ 甜美的微笑是女性的撒手锏

大多数女人办事时都很重视自己的服饰仪容，临行前她们总是要对着镜子刻意打扮一番，看口红是否均匀，头发是否凌乱，唯恐因外貌粗俗而令人看不起。但是她们很少注意到自己的面部表情，很少意识到自己的微笑将会对办事产生的影响。其实，有时候，微笑比仪容更重要。

每个人都希望别人用微笑去迎接他，而不是冷眼斜视或者面无表情。一个懂得热情微笑的女人不仅显得和善谦逊，而且会让他人觉得你值得充分地信任和依赖，从而自然而然地想去亲近你、了解你。一旦你为自己和他人营造了一个和谐的人际氛围，处理事情的时候也就会轻松自如。

"回眸一笑百媚生"，说的是女人笑容的力量。然而，并不仅仅限于此，女人的笑容背后往往还孕育着坚实的力量。它能以温柔的方式化解人生各种寒冰，能指引你到达光明，领略生命的最美境界。

有一位叫珍妮的小姐去参加联合航空公司的招聘，她没有任何"后门"关系，完全是凭着自己的本领去争取。她被录取了，原因就是她的脸上总是带着微笑，她最大限度地发挥了她的优点。

令珍妮惊讶的是，面试的时候，主试者在讲话时总是故意把身体转过去背着她，你不要误会这位主试者不懂礼貌，他是在体会珍妮的微笑，感觉珍妮的微笑。因为珍妮的工作是通过电话的，是有关预约、取消、更换或确定飞机班次的事情。

后来，那位主试者微笑着对珍妮说："小姐，你被录取了，你最大的资本就是你脸上的微笑。你要在将来的工作中充分运用它，让每一位顾客都能从电话中体会出你的微笑。"虽然没有太多的人会看见她的微笑，但他们通过电话，可以知道珍妮的微笑将一直伴随着他们。

从心理学的角度来说，微笑代表了友好与开放的心态，很容易给别人留下乐观、真诚、善意、体贴的印象。任何人都不喜欢用热脸贴冷脸，也没有人会将你的好意拒之千里。微笑就像一种强力胶，会把彼此的心拉得更近。

世界名模辛迪·克劳馥曾说过这样一句话："女人出门时若忘了化妆，最好的补救方法便是亮出你的微笑。"真诚的微笑透出的是宽容、是善意、是温柔、是爱意，更是自信和力量。微笑是一个了不起的表情，无论是你的客户，还是你的朋友，甚或是陌生人，只要看到你的微笑，都不会拒绝你。

笑是所有人嘴边一朵美丽的花。女性的微笑，是一封最好的自我介绍信，是袒露内在心灵善良柔美的永恒佳作。它传递着热情，散发着温馨。自然的微笑可在瞬间缩短与对方的心理距离，是与人交际的优质传导体。对陌生人露出微笑，传达着你的随和与友好；对冒犯你的人展现笑容，传达着你的宽容与谅解；对钟情你的人微笑，传达着你的倾心与接纳；对周围的人微笑，传达着你对生活环境的适应与融入。

笑容是世界上最美丽的表情，它能确确实实地拉近你和对方之间的距离，是人们交际的一种必备武器。美丽的笑容，犹如桃花初绽，涟漪乍起，给人以温馨甜美的感觉。女子若在各种场合能恰如其分地运用微笑，就可以传递情感，沟通心灵，甚至征服对手。

有一位业绩卓著的女推销员，她推销的成功率高得让人不敢想象。她的秘诀其实很简单：在她每次敲开陌生人的门之前都对着随身携带的镜子微笑，当她觉得自己的笑容足够真诚时，才带着这样的微笑去敲门，客户就是因她这样永远不变的笑容而情不自禁地被她说服。

微笑是温馨、亲切的表情，能有效地缩短双方的距离，给对方留下美好的心理感受，从而形成融洽的交往氛围。它是一种魅力，可以使强硬者变得温柔、使困难变得容易。所以微笑是人际交往中的润滑剂，是广交朋友、化解矛盾的有效手段。

而女人较之男人来说，感情更为细腻、敏感，所以，一定要善于运用你的表情，来增强说服的效果。比如，当谈到对方遭遇到的不幸和灾难时，应当自然地流露出同情、关心和安慰的神态；当谈及对方的思想和工作有进步、有成绩的时候，就应当适时流露出喜悦和欣慰的神态，等等。

当你迎面向着一位陌生人走过去的时候，如果你脸上带着和善、友好的微笑，尽管你们素不相识，对方仍然会对你报以真挚诚恳的笑意。因为自然、灿烂的笑容是给他人留下良好印象的最佳利器，也是最容易让别人在心理上接受你的方法之一。

但是，女性在微笑时也要讲究技巧，有节制的微笑才更能够显示出女性的魅力。有的女性笑起来就一发不可收拾，搞得别人莫名其妙，这样就会使自己的形象大打折扣。工作毕竟是一件严肃的事情，没有节制的笑肯定会影响办事的效果。女性在办事时，如果遇到令人发笑的事情，要适宜地露出自己的笑容，要笑得既不张狂也不做作，还要能够表现出倾听的热情，这样就能够为自己的形象加分。

## ◎ 进入主题前，先聊些轻松的话题

如何察言观色，捕捉对方的心态，理解对方，同时让对方了解你的能力，是学会与人交往的一个很重要的能力，许多人就是由于欠缺这种能力，所以困难重重，事事不顺。而有些人天生就会办事，每个与之交往的人都心情舒畅，这样的人一生的路应该会非常好走，如果有特殊才华定会成就一番事业，即使没有成就事业，在日常的生活中也会过得很好。

因此，如果能暗中察知别人的心理需求，人们自然会因你的善解人意而心情愉快，并更进一步地对你产生好感。在愉悦的气氛中，你的"正事"也就好办多了。

一向精明的赵女士非常生气，因为她最喜爱的一件新外套被洗衣店的人熨了一个焦痕。她决定找洗衣店的人赔偿。但麻烦的是那家洗衣店在接活儿时就声明，洗染时衣物受到损害概不负责。与洗衣店的职员做了几次无结果的交涉后，赵女士决定面见洗衣店的老板。

进了办公室，看到高高在上的老板面无表情地坐在那儿，赵女士心里暗暗想着主意。

"先生，我刚买的衣服被您手下不负责任的员工熨坏了，我来是请示赔偿的，它值 1500 元。"赵女士大声地说道。

老板看都没看她一眼，冷淡地说："接货单子上已经写着'损坏概不负责'的协议，所以我们没有赔偿的责任。"

出师不利，冷静下来的赵女士开始寻找突破口。她突然看到老板背后的墙上挂着一支网球拍，心中便有了主意。

"先生，您喜欢打网球啊？"赵女士轻声地问道。

"是的，这是我唯一的也是最喜爱的运动了。你喜欢吗？"老板一听网球的事，立刻来了兴趣。

"我也很喜欢，只是打得不好。"赵女士故作高兴且一副虚心求教的样子。

洗衣店的老板一听，更高兴了，如碰到知音一样地与她大谈起网球技法与心得来。谈到得意时，老板甚至站起身做了几个动作。而赵女士则大加称赞老板的动作优美。

激情过后，老板又坐了下来。

"哎哟，差点儿忘了！你那衣服的事……"

"没关系，跟您上了一堂网球课。我已经够了！"

242

"这怎么行！"一个年轻人跑了进来，老板招呼他说："小王，你给这位女士开张支票吧……"

赵女士的一番话，并不是为了讨好对方，而是尊重对方，为了与之更好地交流。以对方喜欢的方式与他交流，会让对方有一种被人接受、被人承认的感觉，更重要的是能达到自己的目的。

人际关系大师卡耐基先生以自己的亲身经历，告诉我们这样一个故事：

"我住的房子租金太高，要求房东减低一点儿，但遭到拒绝。我知道房东是一个极固执的人。我写给房东一封信说，等房子合同期满我就不继续住了，但实际上我并不想搬家，假如房租能减低一点儿我就继续租下去。但恐怕很难，别的住户也曾经交涉过都没成功。

结果，房东接到我的信后，便带着他的租赁契约来找我，我在家亲切招待他。一开始并不说房租太贵，我先说如何喜欢他的房子，请相信我，我确实是'真诚的赞美'。我表示佩服他管理这些房产的本领，并且说我真想再续住一年，但是我负担不起房租。

他好像从来不曾听见过房客对他这样说话，他简直不知道该怎样处置。随后他对我讲了他的难处，以前有一位房客给他写过一封信，有些话简直等于侮辱，又有一位房客恐吓他说，假如他不能让楼上住的一个房客在夜间停止打鼾，就要把房租契约撕碎。他对我说：'有一位像你这样的房客，心里是多么舒服。'继之不等我开口，他就替我减去了一点儿房租。我则希望能多减点儿，我说出所能负担的房租数目来，他二话不说就答应了。

临走的时候，他又转身问我房子有没有应该装修的地方。假如我也用其他房客的方法要求他减房租，我敢说肯定也会像别人一样遭到失败。我之所以胜利，全赖这种友好、同情、赞赏的方法。"

这种先做朋友后谈事的行事方式，在各行各业通用。人们总是对陌生人保持一定的警惕，若把你们之间的距离拉近些，站在他的角度说话，他就不好意思直接拒你于千里之外。在良好的会谈气氛中，打消了人们固有的隔阂与顾虑，余下的事，则水到渠成。

## ◎ "撒娇" 是聪明女人的 "独门暗器"

"娇"是女人的天性，不会撒娇的女人在男人的眼里好像缺少点女人味。凡是女人均会使用这一技法，也最善使用这一技法。使用这一技法，无坚不摧，无往不胜，在男人面前屡试不爽。娇是小鸟伊人，娇是老婆捕获老公的迷魂剂。男人的虚荣心在"娇"这一技法面前会暴露得淋漓尽致，会使男人迷失本性，自以为赢得了芳心，实质上已落入温柔陷阱里。

从男人和女人的心理特点上来比较，男人与刚性相连，具有侵占和保护性，而女人与柔性相连，具有接纳和被保护性。如果女人身上需要被保护的特质逐渐消失，男人无法在女人的身上实现自己保护人的角色，那么不和谐也就应运而生了。当一个个钢铁女子在婚姻的围墙内纷纷倒下，惨败而归的时候，撒娇的艺术难道还不应引起女人的重视？

其实，会撒娇的女人，她们那恰到好处的娇嗔，就像李渔所谓女子的"态"，就像火会有光、花会有香一样，让男人难以抵御。当然，这也要看女人撒娇的功力如何，如果只是扭捏、做作地撒娇，男人只会嗤之以鼻；如果是恰到好处地撒娇，男人就会从心里喜爱她。有这么一个故事，充分说明了女人会撒娇是多么重要。

小雯的丈夫是有名的火暴脾气，连婆婆都说："这小子沾火就着，倔得像头驴。"但也应了那句话，"卤水点豆腐，一物降一物"，小雯

244

的坏脾气老公，在她面前服服帖帖，两人把小日子过得和美无比。

小雯不是那种会发恶、撒泼的女人，相反，她在老公面前一向话不高声，笑意盈盈。如果老公倔得无理，她也不会被激怒，或是粉面含春，或是轻哼不语。老公在旁边自觉成了透明人，只得很知趣地软了下来，主动凑过来，有一句没一句地跟她搭讪。她这才撅起嘴，扭过脸去做不答理状，像是受了天大委屈一般，老公大动恻隐之心，反过来百般哄劝。小雯趁势收起小姐脾气，展颜一笑。于是，云开雾散，阳光灿烂。

也许有的女性觉得不以为然：

"男女平等，谁都有自尊心，让我屈服在他的辱骂与威吓之下，还要赔着笑脸，发挥什么'撒娇艺术'？开什么玩笑，我才不干！"

要这么想，那你就错了，让他一步，是为了不让战火蔓延，你们的一生长着呢，为什么要论一时的输赢？

面对女性温柔的退让，除非是那种不知好歹、缺乏智慧或与爱人没有感情的男人，否则都会在她的包容中败下阵来，并在这种潜移默化中，自动修正自己的激烈性格和行为。最后的胜利者还是会撒娇的女人。

"撒娇艺术"，其实就是古之兵法上"以柔克刚"的艺术。老子认为"柔弱胜刚强"，他说："天下柔弱莫过于水，而攻坚强者莫之能胜，以其无以易之。"这句话的意思是说，天下没有比水更柔弱的东西了，但是任何坚强的东西也抵挡不住它，因为没有什么可以改变它柔弱的力量。恰当地运用"柔"，任何坚强的东西都会为之融化，巧妙地运用"撒娇"，就等于为感情安上了一个"安全阀门"。

撒娇，不仅使女人更可爱，而且还易化解生活中的矛盾，是软化矛盾的"原子弹"，无坚不摧，战无不胜。比如，妻子在心血来潮时，花大钱买了一件根本穿不下去的衣服，而她的老公却正在为房子的贷款深夜加班。当老公发现时怒气冲冲地指责老婆乱花钱，如果老婆说："花的是我自己的钱，又不是花你的钱，你管得着吗?"那么家庭矛盾就会立即升温，如果老婆未语先是掉几滴眼泪："呜呜，你干吗这么凶，人家也不知道嘛，老公你好凶，我也是因为想打扮漂亮一点儿让你看嘛。"

男人听到这样嗲声嗲气的话语，一定会很心疼地把老婆搂进怀中，然后轻声地说："我不是故意的，别哭了，是我不对。"一场矛盾就这样大事化小小事化无了。哈，知道撒娇的好处了吧，那还不快点儿学学。

撒娇之所以能成为对付男人的武器，就是因为男人喜欢温柔甜美的女人，喜欢顺从乖巧的女人，更喜欢会撒娇的女人。而女人在自己的丈夫面前，无疑都是美女，于是，撒娇作为锦上添花的装饰，是平淡生活中不可或缺的调料。

撒娇固然可以增加生活情趣，促进感情，但万事物极必反，过犹不及，撒娇太多太滥也不行：其实女人向男人撒娇，无非是想博得他行动或是语言上的怜爱，如果他已经有所表示，那聪明的女人懂得见好就收。若是得了甜头还不收手，继续一味地胡搅蛮缠下去，一两次可能还会奏效，时间一长恐怕他会认为你太不讲理，太难伺候，从而心生厌烦。因此，最有效的撒娇，就是懂得收放自如，进退有度，这样才能风险最小回报最高。

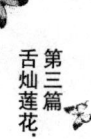
## ◎ 用诚意和支持的态度打动别人

人生的道路崎岖不平，逆境往往多于顺境，人们往往要面临一些突如其来的不幸。身处逆境，面对不幸，当事人不仅需要自我调节，坚强起来，战胜不幸，也迫切需要别人的安慰。一个痛苦两个人分担就会变成半个痛苦，亲切的安慰如雪中送炭，能给不幸者以温暖、光明和力量。

当别人身陷困境，心灵的天空布满乌云，觉得郁闷悲伤时，你的一句充满关爱体贴的话语，让他顿觉这比什么都温暖都有力量。他可能被一个问题困扰了许多年，犹如走入迷宫怎么也绕不出来，一句指点迷津的点拨，会使他豁然开朗，驶入一个无限广阔的空间。

林琳参加工作不久，单位的同事不仅强加给她很多工作，还总是在老板面前说她能力不行，办事总是出错。这给了初入职场的林琳很大打击。她打电话向母亲诉苦："妈，我不知道该怎么办了，别人都不愿意跟我说话，甚至有好几次，她们在订午饭的时候故意没有订我的份。妈妈，我觉得我没有做错，我并没有对大家不好……"

听林琳说完，妈妈安慰说："孩子，如果你认为自己可以解决现在的问题，并在单位好好干下去，妈妈会很开心，毕竟那是一家不错的企业。如果你觉得实在忍无可忍，没法再干下去了，妈妈也不会怪你。不论你做出怎样的选择，妈妈都会支持你。"

相信不论哪一个做女儿的，听到做母亲的这番话，内心的温暖都

247

会油然而生，委屈减少很多。最终，林琳并没有离开公司，而是向妈妈请教了很多职场的窍门，来处理自己所遇到的问题。

面对面地安慰别人，效果究竟如何其实与我们是否真诚有很大关联，因为假如我们对对方的遭遇感同身受，我们不仅会分担对方的痛苦，也需要忍受自己内心的煎熬。而这一点是女人容易做到的，因为女人天生就有一颗善感的心。对于被安慰者来说，这种感同身受的表现与安慰，就是他们需要的最好的礼物。

米佳不久前刚刚失恋，在热恋中原本卿卿我我的一对，忽然间反目成仇，难免会产生失落感而变得消沉，爱恨交织，精神恍惚，整个人瘦了一圈。别人安慰她时总是在不停地询问分手的原因，争论谁对谁错的问题，越争论米佳就越觉得自己委屈，从而情绪更加低落。于是米佳的朋友小欧避开爱情这个话题，请她去看了一场她最爱看的足球赛，在比赛中小欧不断鼓励她："人生是五彩斑斓的、美好的，同时也是充满坎坷的，正如踢足球一样，难免会跌跟头，只有不断爬起，勇敢乐观地面对人生的磨难，才会获得最终的幸福。"从此以后，米佳好像换了个人，不再长吁短叹、怨天尤人，而是更加积极努力地工作，更热情地对待周围的每一个人，得到了大家的一致好评。不久，又有一位善良帅气的小伙子进入了米佳的生活。

人的一生摆脱不了痛苦，面对不幸，人们不仅需要自身的坚强，更需要别人的关心和安慰。真诚、适当的安慰无疑会使不幸者重新鼓起生活的勇气，感受到生活的温暖，使不幸者在内心深处感激你的关心与爱护，从而加深彼此间的友情。

对别人的不幸表示同情，就是给予别人的安慰。"这点小困难算

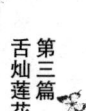

什么，何必这么苦恼呢？"如果你仅用这两句来安慰一个人，那么你还是不说为佳。因为他觉得这个问题让他苦恼，而你却说他不值得这样苦恼，你不仅没有给他安慰，反而让他感到愤怒。即使他不明说，心里也会想："你懂什么？你只会说风凉话，难道我会为了不值得的事情自寻烦恼吗？"

女性朋友在目睹别人的伤痛时，一方面要允许他们发泄出来，另一方面可以陪着一起流泪。在朋友无法清晰表达时，千万不要急着追问。你应该在听完倾诉后说："我虽然不知道发生了什么，也不知道应该怎么说，但我真的很关心你。""我知道你很坚强，你一定有能力战胜困难。"当我们给对方传递了这样的信息时，也体现了我们对对方伤痛的尊重，并随时准备帮助他们。同时，也增加了对方战胜伤痛的信心。

安慰是一种艺术，有时候一句话、一个动作，就够了。安慰就是要让对方感到你对她的关心和支持，要让她有归宿感、安全感。如，轻轻地握握对方的手，给对方一个深情的拥抱。

安慰的前提是你要同情对方的苦恼，才能知道如何安慰他。"我明白你的痛苦，不过生活中偶尔的苦恼是难免的。我们的生活不会永远都四季如春，我们也要经历寒冬不是？今天虽然下雨，但明天依然会阳光灿烂啊。"这样的话才能说到对方的心底去。

## ◎ 看破不说破，给对方留自省的空间

为了帮助别人发现错误以便及时改正，我们总是乐于给对方一些

善意的提醒。但是，一定要注意方法，对于别人的错误，大可不必完全说破，有时只需用事实轻轻一点，就能够达到较为理想的效果。

指正的话越少越好，能用一两句使对方明白即可，然后将话题转到其他地方。不要喋喋不休地唠叨个不停，让对方陷于窘境，产生反感。对方做一件事情，其中有错误的地方应该指出，但做得正确的地方也应加以肯定，这样对方才会因为你赏罚分明而心悦诚服。

可见，点到为止的批评方法的确效果非凡。在一些场合中，一方面，该说的话不能不说，原则不可放弃；但另一方面，也不能将关系弄僵，伤害彼此的面子与和气。所以，这时我们只需点出他的错误之处。这种方法要比直来直去、当面锣对面鼓地否定他人效果好得多，当然这也需要你有更高的修养和智慧。

人难免会因一时的糊涂而犯错误，这就需要批评者在批评时把握分寸：既要指出对方的错误，又要给对方留面子。如果不是为了某种特殊需要，一般应尽量避免触及对方所避讳的敏感区，避免让对方当众出丑。必要时，可巧妙地暗示一下他的错处，使他产生一种压力。但也不可过分，还是那句话：点到为止就可以了。

心理学家研究表明，谁都不愿把自己的错处或隐私在公众面前曝光，一旦被人曝光，就会感到难堪或恼怒。因此，在交际中，如果不是为了某种特殊需要，一般应尽量避免触及对方所避讳的敏感区，避免使对方当众出丑。必要时可委婉地暗示自己已知道他的错处或隐私，便可造成一种对他的压力。但不可过分，只需"点到而已"。

苏东坡幼年时，天资非常聪明，由于读书特别多，书上的字也没有不认识的，再加上文章写得好，因而受到人们的尊敬和赞扬。在一

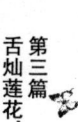
片称赞声中，苏东坡有点飘飘然了。于是有一天，他在自己书房门前写上一联：读尽人间书，识遍天下字。对联贴出后，有的人捧场，更多的人则是不以为然，认为他太不谦虚，口出狂言，因而使他的形象打了折扣。

有一位长者专程来到苏家，向苏东坡"求教"，请苏东坡认一认他拿来的书。书上写的全是周朝史籀创制的字体，苏东坡一个也不认识，羞得面红耳赤，只好向长者道歉。长者也没有说什么，便含笑而去。苏东坡这才感到自己门前的对联名不副实，马上将对联各填一字，上联是：读尽人间书好，下联是：识遍天下字难。这件事教育了苏东坡，最后终于使他成了有名的大文豪。

俗话说，响鼓不用重锤。如果对方犯的不是原则性错误，或者不是正在犯错误的现场，我们就没有必要"真枪实弹"地批评。可以不指名道姓，用较温和的语言，只点明问题，或者是用某些事物对比、影射，也就是平常所说的"点"到为止，起到一个警告作用。但是，如果遇到自我意识差，依赖性强，不点不破，不明说不行的人，也可以用严肃的态度、较尖锐的语言直接警告他。

点破之言应力求简短，最好一两句话就能使对方领悟，然后再自然地转到别的话题上。千万不能多次重复对方的错误，否则就极容易让对方觉得你在紧抓他的错误不放，使对方陷入窘境而产生抵触情绪。

当然，想把话说得滴水不漏，在使用"点破不说破"的语言技巧时，要注意语言不能晦涩难懂。任何语言的表现技巧都是首先建立在让人听懂的基础上，同时必须把握好使用范围，如果不分场合，也是达不到预期效果的。

## ◎ 委婉的暗示效果更显著

在人们的语言交往中，考虑到双方的关系或出于某种原因，说话者对有些话不能或者不便直接说出来，而要用较为委婉的语言，把本来要说的话或者要表达的意图暗示出来，让对方去领会和思考。这种委婉的暗示，实际上就是一种迂回的劝说。

公元前 265 年，赵国的赵太后刚执政不久，秦国便发兵前来进攻。赵国求救于齐国。齐国提出必须以赵太后的小儿子长安君作为人质，才肯发兵相救。但是赵太后舍不得小儿子，坚决不允。赵国危急，群臣纷纷进谏。赵太后依旧坚决地说："从今日起，有谁再提用长安君当人质，我就往他脸上吐唾沫。"大臣们便不敢再多说什么。

有一天，左师触龙要面见赵太后，赵太后认为触龙一定是为了劝谏的事而来，于是她便摆开了吐唾沫的架势。不想触龙慢条斯理地走上前，见了太后，关心地说："老臣的脚有毛病，行走不便，因此好久未能来见太后，我担心太后的玉体违和，今天特地来看望。最近太后过得如何？饭量没有减少吧？"

太后答道："我每天都吃粥。"触龙又说："我近来食欲不振，但我每天坚持散步，饭量才有所增加，身体才渐渐好转。"

赵太后听触龙不提人质的事，怒气也渐渐消了。于是两人亲切、融洽地聊了起来。

聊着聊着，触龙向赵太后请求道："我的小儿子叫舒祺，最不成才，可是我偏偏最疼爱这个小儿子，恳求太后允许他到宫中当一名卫士。"

太后赶紧问触龙："他几岁了？"

触龙答："十五岁。他年岁虽小，可是我想趁我在世时，赶紧将他托付给您。"

赵太后听到触龙这些爱怜小儿子的话，深有同感，便忍不住与他闲谈。

太后说："真想不到你们男人也疼爱小儿子呀！"

触龙说："恐怕比你们女人更爱小儿子。"

触龙见时机已到，于是把话题深入一步，说："老臣认为太后爱小儿子爱得不够，远不如太后爱女儿那样深。"太后不同意触龙的这个说法。

触龙解释道："父母爱孩子，必须为孩子做长远的打算。想当初，太后送女儿远嫁燕国时，虽然为她的远离而伤心，可是又祈祷她不要有返国的一日，希望她的子子孙孙相继在燕国为王。太后为她想得这样长远，这才是真正的爱。"

太后信服地点了点头。触龙接着说："太后如今虽然赐给长安君许多土地、珠宝，但若不使他有功于赵国，太后百年之后，长安君能自立吗？所以我说，太后对长安君不是真正的爱护。"

触龙这番话说得赵太后心服口服，同意给长安君准备车马、礼物，送他去齐国当人质，并催促齐国出兵。而齐国也很快就出兵解了赵国之围。

触龙说服赵太后的方法，便是运用了以迂为直的策略。先找出对方与自己观点相同之处，借此拉近彼此的距离。通过创造开心和融洽的气氛，交流沟通起来就事半功倍。从心理学的角度看，不论是提出自己的看法，还是批评或劝说他人，委婉含蓄的话往往既照顾了对方心理上的自尊，又容易令对方认同、接受你的说法。

比如，某家旅店的服务员，发现房客何夫人前一天晚上已经结了账，可今天仍然住在房间里，而这位何夫人又是经理的好友，怎么办呢？如果直接去问何夫人何时起程，就显得不礼貌，但如果不问，又怕何夫人赖账。

大家商量后决定由一位善于谈话的公关部李小姐去和何夫人谈谈。李小姐敲开了何夫人的房门，说："您好！您是何夫人吗？""是啊！您是谁？"李小姐回答说："我是公关部的，您来几天了，我们还没有来得及看您，真是不好意思。听说您前几天不舒服，现在好点了吗？""谢谢您的关心，好多了。""听说您昨天已经结账，今天没有走成，这几天，天气不好，是不是飞机取消了？您看我们能为您做点儿什么？""非常感谢！昨晚结账是因为我的朋友今天要返回，我不想账积得太多，先结一次也好，大夫说，我的病还需要观察一段时间。""何夫人，您不要客气，有什么事只管吩咐好了。""谢谢！有事我一定找你们。"

我们看，李小姐去找何夫人谈话，目的是要弄清楚，到底是走还是不走？如果不走，就要弄清楚原因。但这个问题不好开口，弄不好既得罪何夫人，又得罪经理。李小姐的话说得非常圆润，先是寒暄一下，然后又问何夫人需要什么帮助，一副非常关心的表情，而使何夫人深受感动，不知不觉中就说明了原因。可是，如果李小姐直接问何夫人店费的问题，就有可能伤了何夫人自尊心，以至于无意中也得罪了经理。

英国思想家培根说过："交谈时的含蓄与得体，比口若悬河更可贵。"在言谈中，委婉含蓄的话语比直截了当的说话，表达效果会更佳，但也更需要女性朋友多动脑筋。委婉是一种语言修养，也是一个人智慧的表现。

## ◎ 传达不幸的消息，表达方式要"曲"

请你先回想一下，当你需要向别人传递一个不幸的消息时，你通常会怎么说呢？不同的表达方式，常常会带来不同的后果。

晓瑜的上司正在办公室会见一位重要客户，而此时，晓瑜突然接到一个大客户要撤销供货的通知，晓瑜知道，这给公司带来的经济损失根本没法用钱来衡量。她放下电话慌慌张张地跑进了上司的办公室，无比沮丧地说："张经理，出大事了，王总撤销供货了！"而张经理没等晓瑜再往下说，就对晓瑜大发雷霆，最后晓瑜委屈地和同事说："到底应怎样报告呢？"

假如你就是那位上司，当时正与一位重要客户联络感情，宾主尽欢之际，突然冲进来这样一位员工，气喘吁吁地告诉你这样一个消息，你立在当下，有何感想？

也许你在还没有被这个坏消息震惊前，先被这位员工的举止惹恼了。得承认，不是你修养不够，实在是这位员工行事太没眼色，太不会说话办事了。

向领导汇报时要切记四个字："不讲困难。"据传说，古代信使如连续报来前线战败的消息，就有砍头的危险。老板每天都面对复杂多变的内外部环境，要比员工遭遇更多的难题，承受更大的压力。将矛盾上缴或报告坏消息，会使老板的情绪变得更糟，还很有可能给他留下"添乱、出难题、工作能力差"的负面印象。

那么，在得知坏消息的时候，你应该怎么办呢？首先，让自己从震惊中迅速脱离出来，尽量将情绪放平稳。然后走进领导办公室，如果他正在会见重要客户，请等待！你们已经失去了一个客户，不能再失去下一个。等客户离开后，你要用从容不迫的语气说："我们似乎遇到一些情况……"不要用"麻烦"或"问题"这样的字眼，在没搞清楚事情的原因前，尽量缩小事情的危害程度，要让领导觉得事情是能够解决的。只有树立了解决的信心，才会往那方面去努力。因此，你报告坏消息的言辞和方式会给事情的最终结果带去很大影响。

建材公司的周莉从一个用户那里考察回来后，敲响了主任办公室的门。

"情况怎样？"主任劈头就向周莉问道。

周莉坐定后，并不急于回答主任的问话，显得有些心事重重的样子。

因为她十分了解主任的脾气，如果直接将不利的情况汇报给他，主任肯定会不高兴，搞不好还会认为自己工作不力。主任见周莉的样子，已经猜出了肯定是对公司不利的情况，于是改用了另一种方式问道："情况糟到什么程度，有没有挽救的可能？"

“有！”周莉回答得十分干脆。

“那谈谈你的看法吧！”

周莉这才把她考察到的情况汇报给主任：“我这次下去了解到，这个客户之所以不用我们厂的产品，主要是因为他们已经答应从另一个乡镇建材厂进货。”

“竟有这样的事！那你怎么看呢？”

“我想是这样的：我们公司的产品应该比乡镇企业的产品有优势，我们的产品不但质量好而且价格还很公道，在该省已经具有了一定的知名度。”

“就是，一个小小的乡镇企业怎么能和我们相比呢？”主任打断了周莉的汇报。

“所以说，我们肯定能变不利为有利。最重要的是，当地的建筑公司，多年来使用我们公司的建材，我们有很好的合作基础，这是我们的优势所在。但该客户答应向那个乡镇企业订货，主要是因为那个乡镇企业距离他们较近，而且可以送货上门。这一点，我们不如那家乡镇企业，我们可以直接到每个乡镇去走访，在每个乡镇找一个代理商，这样问题就解决了。”

“小周，你想得真周到，不但找到了症结所在，还想出了解决的办法，要是公司里的员工都像你这样有责任心就好了。”

“主任过奖了，为公司分忧，是我的责任。主任您工作忙，我就不打扰您了。”

不久，周莉被调到了销售科，专门从事产品营销，公司的建材销量节节上升，周莉也越来越受到重视，很快成了公司的骨干。

有人说，好的上司最痛恨两种人，一种是整天只会讨好的马屁精，另一种则更被他所痛恨，那就是只会将问题丢给上司的下属。

所以，当你有坏消息要向老板汇报时，能否以你的能力所及，考虑一下解决麻烦的相应对策？以你自己对公司的了解，以及对目前情况的分析，怎样处理这个问题最好？这样就可以在说出坏消息的同时，给领导提供一套可行的处理方案，或提供一些有利于解决问题的可靠信息。如果正好你是这方面的专家，那就更是责无旁贷了。你有责任向领导提供可行的解决问题的步骤，顺便不要忘了让领导知道，有些地方你非常需要他的帮忙，没有他的支持这件事绝对搞不定。

另外，职场女性在报告坏消息时，一定要把握开口的时机与场合。如果你所得知的坏消息不是很重要，不需要马上让上司知道，那么就选择一个合适的时机。最好是没有其他人在场，试着把坏话说好，急话说缓，委婉地表述，让上司有个心理准备。